做一個
更好的管理者

HOW TO BE AN EVEN BETTER MANAGER

A Complete **A-Z** of
Proven Techniques and Essential Skills, 10th ed

▶ 達成有效管理的56項基本技能與方法

成功管理者
★ 實踐聖經 ★

|全新修訂第十版|

Michael Armstrong

邁可．阿姆斯壯 著
侯嘉珏 譯

目錄

PART 1 管理員工 Managing people

PART 2

栽培員工
Developing people

PART 3

管理技巧
Management skills

PART **4**

個人技巧
Personal skills

PART 5

企業與財務管理
Business and financial management

如何使用本書

本書適用於那些想要培養個人管理技巧與能力的人，書中不但涵蓋所有管理者運用的主要技巧，並涉及在管理人們、活動及自我時，所需熟練的重要層面。

本書中每個章節都是獨立的，你可以從任一面向切入本書，深入研讀，但先閱讀第一章將更有幫助。該章節定義了管理的整體概念與管理者所需勝任的領域，從而為接續的章節確立架構，接續的章節則進而探討管理者在管理人們及管理過程中所涉及的特定技巧與技能。

前言

第十版的《做一個更好的管理者》涵蓋了五十六個重要的管理面向。以二〇一四年所出版的第九版《做一個更好的管理者》為基礎、新增了四個章節，並且修訂了其他章節。

因此，本書涵蓋了許多有效管理者所運用的技能與方法，包括在扮演一名稱職的管理者時，其所需了解並執行的相關事物。

針對目前已是滿腔熱誠的管理者來說，本書將是一本不可多得的指導手冊；針對設法取得管理資歷，或修讀英國人力發展協會（Chartered Institute of Personnel and Development qualification, CIPD）認證架構中「商業領袖的領導、管理、培養人力及發展技能」（Leading, Managing and Developing People and Developing Skills for Business Leadership）課程的人來說，本書更是格外實用。

01 如何成為更好的管理者

優秀的管理者普遍認同：管理是他們所需學習的藝術，而且沒有任何人會在一夕間就變成完全稱職的管理者。沒錯，學習如何成為有能力的管理者有許多方式，然而經驗——如你曾擔任管理者或團隊領導人，或者分析所曾遇到的優秀管理者都是如何執行——就是最佳的老師，這點無庸置疑。你能透過向自己和他人的上司學習，即吸收那些你認同是有效的行為，而拒絕你認為不恰當的行為——亦即那些既無法提供優秀經理人所需的領導力與動機，也無法帶來成果的行為。

俗話說：「人們是在優秀管理者的督導下進行管理，從而學習管理。」時至今日，這句話同樣適用，但你得把過往的經驗加諸在某種架構之下，那些經驗才能發揮功用。這種架構，就是定義你對管理的理解，並協助你反思、分析個人經驗與他人行為。甚至還有許多豐富的知識，是有關管理者必須運用的技巧，以及他們所需了解有關管理人們、活動與自我的諸多面向。這些技巧都無法提供一種放諸四海而皆準的快速解決方案。得知這些技巧固然管用，但學會了解如何有效運用這些技巧，並因地制宜、酌予調整，以滿足你所在情況下的需求，這也是有必要的。本書並非「處方式書籍」，告訴你：「這麼做，一切就會很順利。」相反地，本書旨在呈現出已經確切證實普遍有效的管理方法。

但這些方法必須符合你個人的管理風格，以及你在必須運用這些方法時當下的情況。為了成為更好的管理者，培養好本書所涵蓋的五十六種技能與知識領域是不可或缺的。

但你若對管理流程擁有基本的了解，準備起來會更容易得多，因為這將提供一種架構，在此之下，本書各大章節中所描述的不同方法與技能盡皆適用。本引言的目的，是提供以下這些主題的架構：

- 何謂管理；
- 管理的宗旨；
- 管理與領導的目的；
- 管理的流程；

- 管理的角色；
- 管理與領導的區別；
- 管理工作零碎的本質；
- 管理者的實際作為；
- 管理者能做些什麼；
- 管理的特性；
- 有效管理；
- 發展有效管理。

何謂管理

基本上，管理就是決定該做什麼，然後透過人們完成工作。該定義強調「人」才是管理者手上最重要的資源。也就是透過「人」這個資源，來管理其它所有資源，如流程與系統知識、財務、物料、廠房、設備等。

然而，管理者的目的就是要取得成果，為此，必須處理意外與突發事件。也許主要是透過人們處理突發事件，但過度強調管理中的「人」，會讓我們忽略在處理突發事件時，管理者勢必得親力親為的事實。管理者不但管理自己，同時還管理他人。但他們無法事事授權他人，常得仰賴自己的資源才能把事情搞定。這些資源包括經驗、訣竅、技能、能力與時間，這一切的一切，管理者不但在指導、鼓勵人們時，還有在了解情況及議題、問題分析及定義、藉由本身或他人制定決策並採取直接行動時，也都得有效運用。沒錯，這些管理者會得到員工的支持、建議與協助，但歸根究柢，都還是要單打獨鬥。他們得做決策、開創新點子，偶爾還得採取行動。爭取競價收購的董事長會收到來自各方的建言，但他／她本人將得處理危機，並與財務機構、商業銀行、金融分析師、財經版主編及大批股東直接對話。

因此，管理的基本定義應衍生為「決定該做什麼，然後透過有效運用資源完成工作」。管理最重要的部分，的確是透過人們完成工作，但管理者無論直接或間接，都將與所有其它資源——包括他自己在內——息息相關。

管理的宗旨

管理是一種藉由充分利用組織及個別管理者可取得的人力、財力與物力，以取得成果的過程。其與運用這些資源而使其增值密切相關，而且這樣的增值，取決於業務管理負責人的專業與投入。

管理與領導的目的

英國管理標準中心（The Management Standards Centre）曾經表示，管理與領導的主要目的，在於「藉由有效、創意及妥善的運用資源，提供方向、促進改變，並取得成果」。這些目的分析如下。

提供方向

- 發展未來願景。
- 使員工投入並提供領導力。
- 提供管理：遵從價值、道德與法律框架，以共同目標來處理危機。

促進改變

- 引領創新。
- 成功處理變化。

取得成果

- 帶領公司達成目標（願景）與目的。
- 帶領營運取得特定成果。
- 引導專案達到具體成果。

符合顧客需求

- 向顧客促銷產品與／或服務。
- 取得供應產品與／或服務的合約。
- 向顧客遞送產品與／或兌現服務。
- 為顧客解決疑難雜症。
- 確保產品及／或服務的品質。

與人共事

- 建立人際關係。
- 發展人際網絡與夥伴關係。
- 管理人事。

運用資源

- 管理財務資源。
- 設法取得產品與／或服務。
- 管理實體資源與技術。
- 管理訊息與知識。

自主管理與個人技能

- 管理個人貢獻。
- 培養個人知識、技能與能力。

管理的流程

管理的整體流程，可再劃分為許多個別流程，也就是經過特別設計以協助達成目標的執行方法。目的是讓管理者在瞬息萬變的工作環境下，為管理這項大工程儘可能地引入更多系統、秩序、可預測性、邏輯與連貫性。古典管理理論學家曾定義管理的主要流程為：

- 計劃：決定行動方案，以達到預期結果。
- 組織：成立最妥適的機構並且招募員工，以達到目標。
- 鼓勵：運用領導力鼓勵人們既然身為團隊一份子，就應與他人和平共事，並且充分發揮自我的能力。
- 控制：評估、監督與計畫相關的工作進度，並於必要時採取修正措施。

但這類古典學派的觀點，受到諸如英國管理學者羅絲瑪麗・史都華[1]（Rosemary Stewart）、加拿大管理學大師亨利・明茲伯格[2]（Henry Mintzberg）等經驗論者的質疑，他們研究管理者實際上如何分配時間，並觀察到管理者的工作零散、多變，且傾向於持續性的調整。管理工作多受制於自身難以掌握的突發事件，以及管理者與他人之間動態的人際網絡。

管理者企圖控制環境，有時卻反而受制於它。或許會刻意或下意識地計劃、組織、引導並控制，但他們的生活幾乎無可避免地變成一連串混亂的突發事件。對經驗論者而言，管理是一種揉雜理性、邏輯、解決問題與決策活動，以及直覺性判斷活動的過程，因此，管理既是科學，也是藝術。

管理者在多樣、紊亂與不可預測性的狀況下，執行著日常業務。若想用單一字詞來描述管理的所有特性，那麼肯定非「混亂」（chaos）這詞莫屬。但美國知名管理學家湯姆・彼得斯[3]（Tom Peters）曾經表示，管理者是有可能在混亂中茁壯成長的。

一如知名企業管理作家羅莎貝斯・摩絲・肯特[4]（Rosabeth Moss Kanter）所言，管理者也得是模擬兩可的專家，能夠處理相互矛盾且不夠明確的要求。

管理的角色

在一般日子裡，執行長或許會召開會議，與行銷經理討論推出新產品的方案，和人資經理決定如何有效重組分銷部門，並且詢問生產經理為何每單位產出成本居高不下以及後續對策，還有在下一次董事會前與財務經理審視最近一次的管理帳目。

他／她或許得接受記者採訪、說明來年如何改善公司營運，午餐還可能要和重要客戶一起吃，晚上也可能在應酬中度過。在這類活動中，有些可能被歸類在計劃、組織、引導及控制的標題下，但執行長只要有所選擇、在決定如何分配時間時，他可不會被這些標籤綁住。這些流程之所以產生，一部分是情況使然，另一部分則是他必須承擔起管理工作中一至多個固有角色。基本上，這些角色與下列有關：

- 完成工作，亦即預先計劃、堅持，進而實現；
- 找出現況為何；
- 應對新狀況與新問題；

- 回應需求與要求。

這些涉及大量的人際關係、溝通協調、訊息處理與決策制定。

管理與領導的區別

管理者得是領導者，但領導者通常不是管理者，且在管理與領導的過程中，這兩者是有所區別的。

管理（Management）是藉由有效擷取、配置、運用並掌握所有必需的資源，如人力、財力、資訊、設施、廠房與設備等，以取得成果。

領導（Leadership）則著重在最重要的資源，也就是「人」。那是一種培養並傳遞未來願景、鼓勵人們，進而獲得人們貢獻與投入的過程。

這兩者之間的區分很重要。管理主要是有關資源的提供、配置、運用與控制，但舉凡涉及人——幾乎都會涉及——只有在有效領導下才可能帶來成果。成為一名優秀的資源管理者還不夠，你還得是一名傑出的領導者。

管理工作零碎的本質

由於開放性的工作本質，管理者感到自己被迫不屈不撓地執行多元化的任務。一項針對管理者如何分配時間的研究報告指出，管理者的活動以零碎、簡短及多樣為特色，有以下六大原因：

1 管理者多在處理「人」，即員工與內、外部的顧客，但人的行為通常難以預期，其需求與反應受制於其所在且向來多變的環境、必須回應的壓力，以及個人的想望與需求。一旦衝突發生，就必須當下解決。

2 管理者未必能夠時時掌控影響工作的突發事件。來自組織內、外的其他人，都會向他們施以突如其來的需求，可能發生各種無法預測危機。

3 人們期待管理者果斷明快，且發生狀況就能馬上處理，因此管理者再怎麼縝密規劃，也常會遭到打斷；他們所建立的優先排序，也得被拋諸腦後。

4 管理者也得即時回報新的要求與危機給上級長官，並且唯命是從。

5 管理者經常在騷動混亂且模擬兩可的狀況下工作。一旦有新狀況，他們並不清楚外界有何期待。因此，他們傾向於反應，而非主動；傾向於處理當下的問題，而非試著預測問題。

6 綜上所述，管理者容易受到持續干擾，沒什麼機會靜下來思考自己的計畫與排序，或者花上足夠的時間研究手中掌握的訊息，以協助自己的活動維持在穩定狀態。

管理者的實際作為

管理者做些什麼，普遍取決於他們的功能、層級、組織（形式、架構、文化、規模）與工作環境（混亂、可預期、穩定、加壓、安定的程度）。個別管理者會以不同的方式適應這些情況，同時根據外界對他們有何預期的行為認知、以往這麼做可行與否的經驗還有其個人特徵，他們或多或少都能成功地進行。

然而，管理工作具備以下典型的特徵：

反應與不假思索

基於必要，多數管理者皆會不經思索便馬上回應情況。與其說管理者向來緩慢、像個井然有序的決策者，倒不如說他們就像行動者，得在問題發生後當機立斷、迅速回應，而且他們大部分的時間，都花在日復一日的疑難排解上。

選擇

管理者常能選擇他們的工作。有些表面上相似的工作，他們會藉著特別強調「個人領域」的發展（如構建自己的領域和相應的規則），私下斟酌著如何對其工作界線及範疇進行廣泛不同的闡釋。

溝通

多數的管理活動都離不開要求或說服他人做事，於是就涉及了管理者在有限期間內面對面的語言溝通。溝通不僅是管理者花上好一段時間去做的事，同時也是一種構成管理工作的媒介。

任務識別

資淺管理者最典型的工作，就是依賴逐步累積有關「正常」程序及日常瑣事的知識，進行「組織工作」，以識別並設法取得問題及任務的成果。

工作特點

工作特點會隨著持續期間、時間間隔、反覆循環、不可預期及來源而有所變動。不論是任何單一活動，或某些可察覺且系統化的計畫制定，管理者花在這上面的時間都不多。其它活動期間才比較容易產生計劃與決策。管理活動因矛盾、交叉壓力、有處理的必要並調解衝突而變得四分五裂。不論在私下的人際關係之間或在「實際參與」時，管理者都要花費不少時間詳述、解釋他們的工作內容。

管理者能做些什麼

就某種程度而言，管理者僅須忍受上述的工作情況：他們得在混亂、不確定及模擬兩可中解決問題。那也就是為何「適應力強」，會是有效管理者的諸多特徵之一：他們得能應付這些難以避免的壓力。但以下所描述的能力，以及本書其它部分所要探討的技巧，能夠協助他們在這些情況下游刃有餘。在很大程度上，是否了解這些要件、預期行為，以及他們在善盡這些時常耗費心力的職責時所能使用哪些技巧，是取決於管理者本身。他們得把這些當作個人發展計畫的守則。

管理者能透過上司的案例、上司和輔導者的指導以及正式的訓練課程加以學習，但自主管理的學習還是最重要的。一如接下來的兩大部分，管理者先要理解管理的主要特性，還有衡量有效管理的標準。

管理的特性

根據英國雷丁大學（University of Reading）亨利商學院（Henley Business School）榮譽教授邁克・派勒[5]（Michael Pedler）及同僚的廣泛研究指出，成功的管理者須具備以下十一項特性或特點：

- 運用基礎事實；
- 相關專業知識；

- 對事件的持續敏感度；
- 分析、解決問題及制定決策／做出判斷的技巧；
- 社交技巧與能力；
- 情緒適應力強；
- 主動積極；
- 創造力；
- 心智敏捷；
- 平衡的學習習慣與技巧；
- 自身學識。

羅絲瑪麗・史都華[1]曾研究成功高階管理者具備許多共同特徵，如：

- 願意努力工作；
- 堅忍不拔且毅力過人；
- 願意承擔風險；
- 能夠激發熱忱；
- 不屈不撓。

有效管理

身為管理者和領導者，他人不但會依據你達到的成果，還會依據你已經取得、且用以達成這些成果的能力水準，來評判你的能力。能力關乎知識與技巧，即人們必須知道什麼、能夠做些什麼，好讓工作順利進行。

他人也會依據你如何工作，亦即你在運用個人知識與技能時的行為表現，對你加以評判。這些知識與技能常被定義為「行為能力」（behavioural competencies），且被界定為導向良好績效的管理行為面向。這些能力所指的是人們在諸如領導、團隊合作、靈活度與溝通等領域扮演工作角色時，所帶入其中的個人特色。

許多組織都已發展出能力架構，為他們深信什麼才是成功所需的關鍵能力而做出定義，並用以周知遴選、管理發展及升遷的決定。

重要的是，這些能力架構能夠強調組織是如何評估管理者及其他員工的績效。管理者若想更進一步，就得熟知架構內容，以及其所涵蓋的每個領域中，組織所期待看見的行為模式。

以下是能力架構的範例：

- **成果／結果導向**：想把事情做好的想望，並設定、達到有挑戰性的目標；建立個人評估優劣的標準，並持續尋求改善績效的方法。
- **業務認知**：能夠持續辨別、探索業務契機；了解業務契機及組織的優先順序，並持續尋求確保組織變得更講求實效的方法。
- **溝通**：無論口頭或書面上，都能清楚溝通並說服他人。
- **關注客戶**：持續照看公司內、外的客戶權益，以確保滿足或超乎其要求、需求與期待。
- **栽培他人**：想要並能夠強化其團隊成員的發展，提供回饋、支持、鼓勵與輔導。
- **靈活度**：能夠適應不同情況、有效地工作，並執行多項任務。
- **領導力**：能夠激勵個人充分發揮，以達到想要的結果，並與個人及整體團隊維持有效關係。
- **計劃**：能在行動過程中作出決定，確保擁有執行該行動所需的資源，並排定為達到明確的最終結果所需之工作方案時程。

• **解決問題**：能夠分析情況、診斷問題、辨別主要議題、建立並評估行動過程中的替代方案，然後得出理性、務實且可接受的解決方法。

• **團隊合作**：能在完全了解一名團隊成員要扮演怎樣的角色下，與其他團隊成員彈性、合作共事。

有些組織會藉由列舉以上個別評估的正面或負面績效指標範例，來說明組織內部的能力架構。這些對願意評估自我績效，以發展個人職涯的管理者而言，提供了相當有用的檢核清單。

培養有效管理

想培養出有效管理，就應專注在上述的特性與能力。本書所著重的基本問題在於：「我該如何學會變成管理者？」

我們常聽到的答案不外乎「管理者從經驗中學習」，但單憑經驗就夠了嗎？有不少作家對此表示疑慮，英國維多利亞時期桂冠詩人丁尼生（Tennyson）把經驗稱之為「dirty nurse」。愛爾蘭文學才子奥斯卡・王爾德（Oscar Wilde）曾說：「人人都把犯的錯稱作經驗。」英國史學家弗勞德（Froude）亦曾寫道：「經驗授道緩慢，且會以犯錯為代價。」

經驗是一種改善學習的基本方法，但它不是完美的工具。我們也需要優秀管理者和本書這種將會協助我們詮釋個人經驗、從錯誤中學習，並在未來更妥善運用個人經驗等其它資訊來源的指引。

你能做些什麼？

當英國文學家法蘭西斯・培根（Francis Bacon）在《論讀書》（*On Studies*）中寫下「讀書補天份之不足，經驗又補讀書之不足」，他便已為這個問題提供了最佳解答。管理既然是門藝術，那麼它的藝術便重要到值得我們進行研究。這類研究應旨在幫助我們更善用個人的自然屬性——即個性與智慧——確保過往的經驗得到更好的詮釋、更充分的利用，亦確保人們在未來能更快速、更明確地吸收經驗。本書的其它部分，則針對你該知道什麼、能做什麼才能成為更優秀的經理人提供實際指導。

成為更好的管理者的十大基本方法

1 知道你在哪、想去哪、如何抵達，還有你將如何知道自己已經抵達。
2 以掌握現在、洞燭機先為目標。
3 針對現在發生何事、為何發生、之後會發生何事及其原因進行有效溝通。
4 明確讓人們知道，你期待他們做些什麼。
5 領悟到人人有別。
6 讓人們知道，他們如何繼續下去。
7 讓人們犯錯。
8 準備好說「不」。
9 別擔心人們喜不喜歡你。
10 建立信任。

注釋

1 Stewart, R (1967) *Managers and Their Jobs*, Macmillan, London

2 Mintzberg, H (1987) Crafting strategy, *Harvard Business Review*, July-August

3 Peters, T (1988) *Thriving on Chaos*, Macmillan, London

4 Kanter, R M (1989) *When Giants Learn to Dance*, Simon & Schuster, London

5 Pedler, M, Burgoyne, J and Boydell, T (1986) *A Manager's Guide to Self-Development*, McGraw-Hill, Maidenhead

PART 1

管理員工

Managing people

02 如何正確與人相處

正確與人相處意味著公平對待、相互尊重，但這並不等同鄉愿，對於訂定標準並確保達到標準而言，「堅定」、「公平」可說是基本要件。美國首屈一指的管理專家愛德華・勞勒[1]（Edward Lawler）曾寫道：「正確與人相處是創造組織效能的基本關鍵。」他也提到，「正確與人相處」這個觀念彰顯出「組織、個人都得成功，但少了一方，另一方就無法成功」的事實。

正確與人相處的七大原則：

1 尊重待人。

2 公平待人。

3 創造妥善的工作環境。

4 協助人們培養能力與技巧。

5 提供領導力。

6 了解團隊成員。

7 定義期望，並確保達成期望。

尊重待人

所謂尊重，就是認同他人的特質、確保他們感到備受重視，同時以禮相待——不看輕，亦不欺凌。謹慎看待人與人之間的差異，不論何時與他人相處，都謹記於心。同時也包含公開表揚他人的貢獻，並傾聽他人想說什麼。這也意味著認同人們可能會有合理的不滿，並且即時、全面且將心比心的回應他們。

公平待人

公平待人，意味著你應該：

- 適度考量他人的想法與情況；
- 相關人士一概適用所有的政策與決定；
- 為所做的決定提出充分的解釋（透明度）；
- 避免針對個人或某些類型的人抱持偏見（不偏袒）；
- 確保人們在與組織內他人相較下，仍能依據自己貢獻，而獲得平等報酬；
- 確實兌現承諾過他人的事（達成承諾）；
- 界定預期人們所達到的標準；
- 明確向人們指出，你認為他們一直未能達到你的標準，並給予機會改善。

營造妥善的工作環境

人們應該認為自己的工作是值得的。他們所在的職位，應使其充分發揮個人的技巧與能力，而且儘可能地提供某種程度的自治，以使他們能夠合理地掌握自己的活動與決定。員工也需要回饋，比方說目前工作表現如何，但他們偏好自己透過工作來獲得這類訊息，而非經由管理者轉達。如本書第三章的內容所示，倘若職位存在這些特點，將能提升員工的內在動機（intrinsic motivation）——即工作本身的動機，並可能深受工作如何規劃——即工作系統設計——的影響。

基本要件是要使工作系統有效且有彈性的運作，而提供流暢的過程及活動，並確保員工、物料、廠房、設備與資金等資源獲得有效運用都是有必要的。只不過在設計或管理工作系統時，也有必要考量應該做些什麼，以正確地對待人們。該系統應儘可能地兼容並蓄、開放挑戰及自治，讓員工從工作中獲得成就，也應就工作條件及健康、安全的工作系統方面，提供一個良好的環境，並牢記在規劃設備及設計工作站時，將壓力最小化且重視人體工學的必要性。

協助人們培養能力與技巧

透過輔導、訓練，還有更重要的——藉由提供新的工作機會或挑戰，給予你所管理之人學習或培養技巧的機會，以強化其技巧與能力，這對你和你的組織都相當有利。這就是「正確對待他人」，未來他們才能藉由在目前工作崗位中表現更好、獲得職涯更進一步的經驗與技巧，學會在工作中取得更大成就的方法。

進一步培養，意味著注意到正式的訓練經驗或在職訓練的機會何時能夠幫助人們。你應給予人們學習新技巧的時間和空間，因此，你身為輔導人的角色也就特別重要。每當你賦予某人新任務，你就是正在創造學習的機會。

提供領導力

領導力就是正確對待他人，藉著必要時給予方向、提供支援協助。有效領導意味著被領導的人清楚自己正往哪裡去，並且接受領導者引導自己抵達目的地。

了解團隊成員

除非你了解你團隊的個別成員，並清楚他們的優劣、抱負與對工作的關切，否則就無法正確地對待他們。提供管理者及其員工定期檢討會議的績效管理系統能夠協助做到這點，但這應按日進行。你越常接觸你的員工，就越能了解他們。躲在辦公室或辦公桌後無濟於事。你得跨出去與員工對話，這稱之為「走動式管理」（management by walking around），是建立良好人際關係的最佳方法之一。

定義期望，並確保達成期望

當你確定人們了解並接受你對他們的期待，如績效與行為標準，那麼你就是正確地對待他們。你得澄清角色、澄清需要達成什麼，還有應要如何達成。這應該是一種雙方協議。你不只是個下令員工做東做西的管理者，你要的是心甘情願的合作，而非不情願的服從。

但你得確保人們達到這個標準。若達不到，就是你該保持堅定的時刻了。正確對待他人不是鄉愿，倘若有人莫名績效不佳或者行為不端，那麼採取堅定的立場錯不了。

你也得記住，你必須贏取團隊成員的尊重。你可運用以下十種方式。

贏得尊重

1 順利完成工作——讓人們對成果印象深刻。
2 展現專業——在執行工作時運用專業，且時時負責。
3 產生信任——讓公司相信你是值得信賴的。
4 對請求協助即時回應。
5 表現得友善且容易接近。
6 行動堅定、正直，顯現出誠實、廉潔、真誠、公平並合乎道德原則。
7 禮貌、堅持不懈、有說服力。
8 以和為貴，不亂發脾氣。
9 傾聽人們。
10 不吝道謝。

注釋

1 Lawler, E E (2003) *Treat People Right*, Jossey-Bass, San Francisco

03 如何激勵人心

激勵人心是一種「你要他們往哪去、他們就往哪去」的過程。雖然整體組織能夠藉由報酬機制、提供學習與發展的機會，營造一個高效率激勵效果的環境。但個別管理者在運用個人的激勵技巧，以使個別的團隊成員發揮極致並善用公司所提供的激勵系統與過程上，仍舊是主要的關鍵。為激勵人心，你必須了解：

- 激勵的過程；
- 激勵的不同形式；
- 激勵的基本概念；
- 激勵理論的涵義；
- 激勵的方法；
- 財務性報酬與非財務性報酬作為驅動力的角色。

激勵的過程

激勵與目標導向的行為有關。人們覺得值得，才會有動力去做。

激勵的過程始於某人發現有需求未被滿足，於是設立目標、認為這將滿足該項需求，緊接著確立一連串預期促使目標達成的行動過程，如圖①所示。

因此，基本上管理及管理者都是透過提供人們方法，使其滿足需求來激勵人們，提出達到成果後的誘因及報酬就可以辦到。但個人需求和與其相關的目標差異太大，以致要準確地預測某一特殊的誘因或報酬未來會如

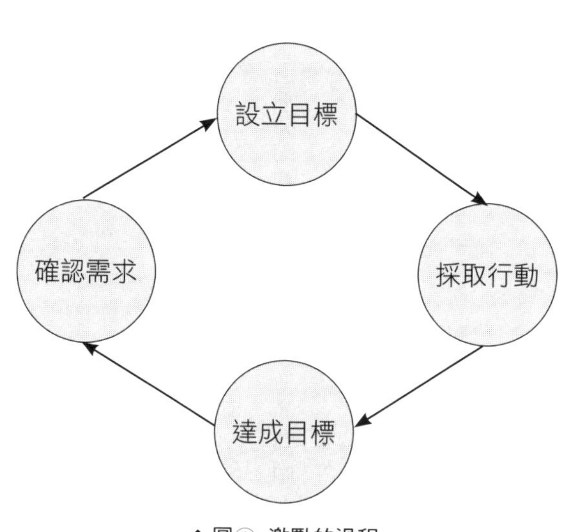

◆ 圖① 激勵的過程

何影響個人的行為並非不可能，只是很困難。

動機（激勵）的形式

工作上的動機可有兩種形式：內在動機及外在動機。

內在動機（intrinsic motivation）：當人們感到自己的工作重要、有趣、具有挑戰性，並給予他們合理程度的自治（行動自由）、達成目標和更進一步的機會，還有運用、培養個人技巧及能力的契機，這時就會產生內在動機。其可被描述成一種來自工作本身的激勵，而不是由外在刺激創造的。

外在動機（extrinsic motivation）：當你為了激勵人們而做了什麼，或為他們做了什麼，就會產生外在動機。這類動機包括「獎」與「罰」。諸如誘因、加薪、讚美或升遷等屬於「獎」；紀律處分、扣薪或批評等則屬於「罰」。外在的激勵因子可能帶來直接、有力的影響，但未必持久。內在的激勵因子與「工作生涯品質」（從這概念所衍生的詞彙及活動）有關，因屬個人及其職務上所固有，而非以獎金這類外部的形式加諸於當事人，所以可能帶來較深、較長期的影響。

激勵的基本概念

外界曾經廣泛研究，並得出以下為數眾多的激勵理論。記住，沒有什麼會比一套好的理論來得更加實際，例如以系統化研究為本，且所得出的行為解釋不但得到驗證、可供外界檢視，還能轉化為實際有效應用的理論，就是一套好理論。

需求

需求理論（needs theory）說明行為是受到未滿足的需求所激勵。與工作相關的主要需求亦即對於成就、認同、責任、影響力及個人成長的需求。

目標

目標理論（goal theory）說明運用目標設定的技能時，若能搭配以下特點，動機將會大增：

- 目標明確；
- 目標充滿挑戰但可達到；

- 目標公平且合理；
- 個人應充分參與目標設定；
- 回饋能確保人們在達到充滿挑戰但卻公平的目標後，感到驕傲、滿足；
- 運用回饋，以取得人們投入甚至更高層次的目標。

增強

增強理論（reinforcement theory）指出成功達成目標、取得報酬扮演著正面積極的誘因，並強化這種成功行為。下次有類似需求發生時，便會重覆這種行為。

期望理論

期望理論（expectancy theory）主張個人有以下狀況時，便會產生動機：

- 感到能夠改變他們的行為；
- 對於改變行為將會帶來報酬充滿信心；
- 極為重視報酬，以致合理化他們行為的改變。

該理論指出，只有在人們清楚意識到績效與結果之間有所關聯，而且這種結果被視為一種滿足需求的方式時，才有可能產生動機。這在財務性報酬及非財務性報酬方面都適用。舉例而言，倘若人們追求個人成長，他們只有在明白自己擁有哪些機會、該怎麼做（能怎麼做）才能藉此受益，同時這些機會是否值得極力爭取時，才會受到這些機會的激勵。

期望理論解釋為何外在動機——如誘因或獎金方案——只有在努力與報酬明顯相關，且這份報酬的價值值得人們付出努力的時候才管用，所以這類方案應提供努力與報酬之間明確可見的關係。該理論也解釋為何透過工作本身所引發的內在動機，有時會比外在動機來得更加有力。有些人可能相當仰賴過往的經驗，來指出透過自己的行為，有可能獲取正面、有利的結果到何種程度，而這類的人較能控制內在動機的結果。

動機（激勵）理論的涵義

動機理論（motivation theory）傳達了兩個重要的訊息。首先，我們並沒有對加強動機有簡單化的解決方法。亦無法保證有任何一種單一手段，如績效獎金等，能用來作為有效的激勵因子。這是因為激勵是一種複雜的過程，其取決於：

- 幾近變化無窮的個人需求及欲望；
- 內在與外在兩種激勵要素。我們無從歸納出這兩者交互作用可能產生什麼最佳結果；
- 對報酬的期待。根據個人以往的經驗及對報酬系統的見解，他們對報酬的期待將有著極大差異；
- 社會背景。在社會背景下，組織文化、管理者及同事的影響力都能產生多種難以預測進而難以管理的動機作用力（motivational forces）。

動機理論所提供的第二個重要訊息，就是期望、目標設定、回饋與強化作為激勵要素的重要性。這些訊息的涵意闡述如下。

激勵的方法

創造正確的環境

一般來說，創造出一個能讓強烈動機開花結果的環境是有必要的。這與管理文化有關。首先，這旨在強化績效及能力的價值；第二，強調如何管理並犒賞人們的標準（可接受的行為方式）；第三，展現組織對授權的信念，即提供人們負責並充分發揮自我能力的機會與「空間」。少了正確的環境，績效獎金等用以提高動機的應急方法也不可能對整體組織效率造成多大影響——即便這些方法或許對某些人有用。

目標設定、回饋與強化

目標設定、回饋與強化都可能提高動機，而且這全都在你掌控之中。

管理期待

管理期待是必要的。除非個人深信報酬是值得的，同時還能合理預期自己藉著努力就能獲得報酬，否則透過誘因、紅利或績效獎金方案所提供的報酬，都不如激勵因子來得有效。同樣地，人們在清楚自己的成果會被認可時，才比較可能受到激勵。這些方法對財務性報酬、非物質報酬政策及實際做法的影響分述如下。

財務性報酬

財務性報酬須從三大面向進行考量：

- 金錢作為激勵因子的有效性；
- 人們為何滿意或不滿意他們的報酬；
- 發展財務性報酬系統時所需使用的標準。

金錢與動機

金錢很重要，因為它可協助人們滿足許多最迫切的需求。金錢同時也至關重要，不單是因為人們用以購物，還因為它可作為一種認可人們價值高度有形的方式，繼而提升人們的自尊並獲得他人的尊重。

即便工作興趣、職涯發展與組織聲望都是重要因素，但薪資還是吸引人們加入組織的關鍵。現有員工中對薪資的滿意度主要與是否感受到公平、公正有關。來自內、外部的比較將為這類感受構成基礎，而這將會影響留在組織的意願。

薪資有激勵作用。作為一種認可個人成就的有形方式，薪資能夠強化想望的行為，也能傳達「組織深信什麼才重要」的訊息。但為求有效，績效獎金系統必須符合以下嚴格的條件：

- 績效與報酬一定明確相關；
- 用來衡量績效的方法應被視為公平、一致；
- 報酬應值得努力爭取；
- 個人倘若表現合宜，應預期得到值得的報酬。

身為管理者，可以以此確認公司的獎酬系統是否依據以上原則來推動。

非物質報酬

美國個人事業發展專家丹・品克[1]（Dan Pink）表示管理者可採取三大步驟提升動機：

1 **自治：**鼓勵人們建立自己的時程，並著重在完成工作，而非如何完成。

2 **掌握：**協助人們找出所能採取的改善步驟，並要求他們界定如何得知自己正在進步。

3 目的：下達指示時，解釋原因與方法。

這類非物質報酬著重在多數人對於成就、認同、責任、影響力與個人成長等程度有別的需求。你將能為表現良好或表現不佳的員工提供或保留這些報酬。

成就

成就的需求，被定義為是在競爭中成功的需求，而這種成功，是用來比較個人的優異程度。藉由提供人們表現的機會，並在職務上提供運用個人技巧及能力的範疇，就會產生成就動機。

認同

認同是最強而有力的動力之一。人們必須知道的，不僅是他們多麼成功地達到目標或進行工作，還有人重視、欣賞他們的成就。

然而，應謹慎給予讚美。讚美須和實際的成就相關，而且認同的形式不僅此一種。財務性報酬，尤其是事件過後直接核發的成效獎金，就是明確的認同象徵。這樣的認同象徵伴隨著有形利益，同時也是一種財務性報酬與非物質報酬相互強化的重要方式。還有其它諸如長期服務獎、某種地位象徵、休長假與出國等認同形式，這些都可能是整體報酬過程中的一部分。

聆聽團隊成員、回應其建議，同時最重要的——認可其貢獻的管理者也能表示認同。其它表示認同的行為還包括升遷、分配重要專案、擴大業務以提供更有趣、更值得的工作，以及各式各樣的地位象徵或成就勳章。

責任

人們在工作上被賦予更多責任時，可能就會受到激勵。基本上，這就是所謂的授權，同時符合「基於工作內容而引發內在動機」的概念。這也和「個人在取得達成目標的方法時，就會受到激勵」的基本概念有關。

若要人們受到內在激勵，那麼職務上所須具備的特徵有：第一，個人必須取得有意義的績效回饋，可能的話，最好是藉著評估個人績效，並定義其所需要的回饋，來取得績效回饋；第二，個人必須意識到工作需要他們善用寶貴的能力，以有效執行業務；第三，個人必須感受到他們擁有高度自治，或對設定自我目標、定義如何達到這些目標擁有高度自制力。

影響力

人們可能受到運用影響力或權力的推動力所激勵。美國哈佛大學心理系教授大衛・麥克利蘭[2]（David McClelland）在研究報告中指出，即便追求「歸屬感」（affiliation）——即與他人溫馨、友善的關係——一向存在，除了成就感需求，權力需求也是管理者主要的動機作用力。組織能夠透過共同參與的政策，將人們置於意見得以抒發、得以被他人傾聽並予以回應的情況下，以激勵人們。這也是授權的另一個面向。

個人成長

在美國心理學家亞伯拉罕・馬斯洛[3]（Abraham Maslow）需求層次理論中，自我實現或自我體現是所有需求的最高層次，也因此為最終激勵因子。馬斯洛將自我實現定義為「發展潛力與技能，變成相信自己所能變成的模樣之需求」。

即便組織必須澄清其所能提供個人成長與發展的範疇，但有抱負、有決心的人將為自己尋求並找到這些機會（倘不如此，人們就會離職、另起爐灶）。

然而，在組織的各大層級中，有越來越多的個人——無論是否被野心沖昏了頭——都認同持續提升自我技巧及逐步建立起職業生涯的重要性。如今許多人都把「自我提升」當成整體報酬中的關鍵要素。

個人能否取得學習機會、能否選擇信譽良好的培訓課程與方案，還有組織強調習得新技巧並強化現有技巧等，都可作為強而有力的激勵因子。

取得高層次動機的十個步驟

你若希望取得較高層次的動機，那麼你需採取以下十個步驟：

1 設立並同意嚴刻但可達成的目標。

2 提供績效回饋。

3 建立期望，也就是人們成功時，特定行為及產出將會帶來值得的報酬，但若失敗，這些行為及產出則會帶來罰則。

4 設計出人們能夠獲得成就感、表達並運用他們的能力，同時亦能發揮自我決策權力的工作。

5 達到目標時，提供適度的財務性誘因與報酬（績效獎金）。

6 工作圓滿達成時，提供適度的非物質報酬，如認同、讚美等。

7 與個人溝通，普遍公開績效與報酬間的關係，藉以強化人們的期望。

8 挑選、訓練有效運用領導力，並具備所需激勵技巧的團隊領導人。

9 指導、訓練人們培養改善績效所需的知識、技巧與能力。

10 向個人展示他們該做什麼，才能發展個人職涯。

注釋

1 Pink, D H (2009) *Drive: The surprising truth about workplace motivation*, Riverhead Books, New York

2 McClelland, D C (1961) *The Achieving Society*, Van Nostrand, New York

3 Maslow, A (1954) *Motivation and Personality*, Harper & Row, New York

04 如何成為更優秀的領導者

身為管理者，你的角色就是確保團隊成員充分發揮實力，以達到你們想要的結果。換言之，你是一名領導者——由你設定方向，並確保人們追隨你。

領導力是一種培養並傳達未來願景、激勵並指引人們，同時確保他們加入並參與的過程。領導者不但清楚他們的方向，也能確定團隊中的每個成員都朝著相同方向前進。

有些人相信領導力只是告訴人們要做什麼，接著要求他們執行。這類獨斷專行的方法或許看似正確，但到頭來並不管用。人們不喜歡受到脅迫，比較恰當的方式是把領導者視為帶領人們達成目標，而偉大的領導者甚至會帶領人們到達未必想要、但應該要達成的目標。

為了成為更優秀的領導者，你必須：

- 清楚領導者的職責；
- 明白不同的領導風格；
- 欣賞造就出優秀領導者的特質；
- 學習有能力領導者的範例；
- 了解領導的現實狀況；
- 清楚如何有效培養領導能力。

領導者的職責

英國領導理論學家約翰・艾戴爾[1]（John Adair）針對領導者職責所做的分析堪稱最有說服力。他表示領導者有三大基本角色：

1 **定義任務**：他們很清楚表示，期望這個團隊做到什麼。

2 **達成任務**：這就是團體存在的原因。領導者確保團隊目標已經達成。倘若並未達成，就會導致挫折、紛爭、批評，最後甚至可能解散團隊。

3 **維持有效的人際關係**：領導者自己與團隊成員之間，還有團隊成員彼此之間，都應維持有效的人際關係。當眾人致力於達成任務，這些關係就會十分管用。可區分為涉及團隊、士氣、共同目標，還有涉及個人與其如何受到激勵的關係。

艾戴爾指出，透過領導者必須滿足的三大需求領域，最可清楚說明我們對領導者的要求。這三大需求領域分別為：一、任務需求：完成工作；二、個人需求：藉由任務、團隊的需求協調個人的需求；三、維繫團隊需求：建立並維持團隊士氣。如圖①所示，他將這些需求畫成三個相互扣合的圓圈模型。

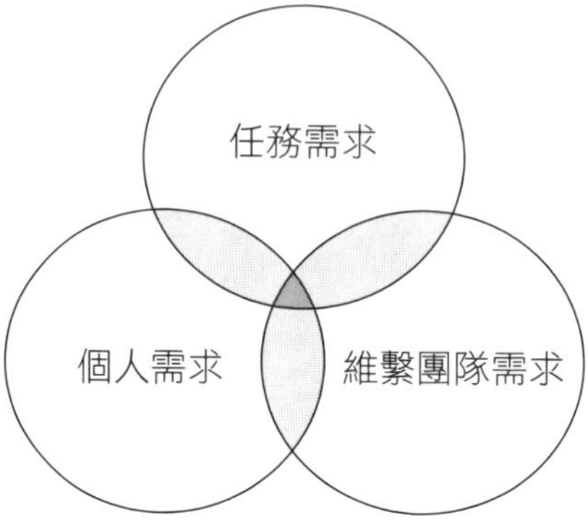

任務需求
個人需求
維繫團隊需求

◆圖① 約翰・艾戴爾的領導者職責模型

該模型顯示任務、個人及團隊的需求相互依存。滿足任務需求，也將滿足團隊與個人需求。然而，除非領導者注意到個人及團隊需求，否則他們無法滿足任務需求，於此同時，看照個人需求也將有助於滿足團隊需求，反之亦然。太過任務導向也是一個風險，以致領導者忽略了個人及團體或團隊的需求。但領導者太過以「人」為導向，著重在以任務為代價去滿足個人或團隊的需求，這也同樣危險。能夠依據情況所需，持續滿足以上三大需求並且維持平衡，這才是最佳的領導者。

領導風格

領導風格——即管理者用以發揮領導力的方法，有時也稱之為管理風格。領導的風格有不同類型，領導者或多或少都會採用圖②所描述的風格之一。

我們不應該假定有哪種風格在任何情況下都是正確的。在圖②的極端情況中，仍可能存在著中間點。沒有所謂的「理想領導風格」，一切都會視狀況而定。適合的領導風格會受這些要素不同程度的影響：組織型態、任務本質、該領導者團隊中的個人以及整個團體的特徵，還有最重要的——領導者的個性。

有能力的領導者要能夠彈性調整風格，以符合情況的需求。一般而言，民主的領導者在面對危機時，或許得調整成較為直接的模式，但他們會明確表述自己正在做什麼、為何這麼做。糟糕的領導者則會獨斷地改變自己的領導風格，以致讓團隊成員感到困惑、不知接下來會如何。

優秀的領導者在和個別的團隊成員相處時，或許也會根據他們的特徵，彈性調整自己的領導風格。有些人需要比較正向的指示，有些人則是在參與上司的決策制定時，才會做出最佳的反應。但領導風格的調整要有其限制，領導者對待個人的方式差異太大，或者做法前後不一，這些都是不智之舉。

◆ **圖② 領導風格**

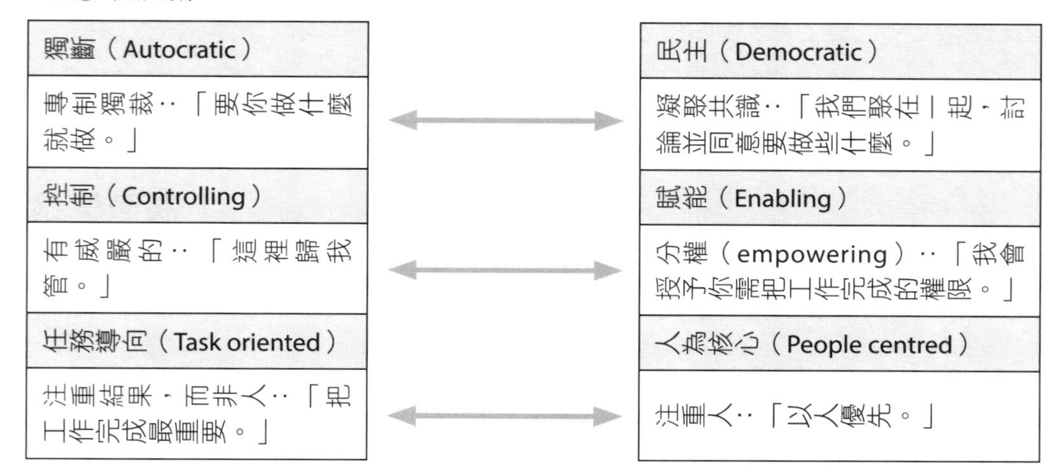

什麼造就出優秀的領導者？

什麼造就出優秀的領導者？這個問題沒有統一的答案。但在西元前六世紀，中國哲學家老子曾試圖在其《道德經》第十七章中提出最佳解釋：

「太上，不知有之；其次，親而譽之；其次，畏之；其次，侮之。信不足焉，有不信焉。悠兮其貴言。功成事遂，百姓皆謂我自然。」

有能力的領導者充滿自信、清楚他們得做什麼。他們能夠負起責任、向團隊傳達他們的願景、讓團隊成員採取行動，並確保他們達成大家共同的目標。他們值得信任、能有效影響他人，並贏得團隊的尊重。他們清楚自己的優缺點，並擅於理解什麼才會激勵自己的團隊成員。他們領會到諮詢還有讓人們參與決策的好處，能夠彈性地從一種領導風格轉換成另一種領導風格，以符合不同的狀況及人們的需求。

領導者或管理者所需的關鍵技能之一，就是能夠分析、判讀情勢，並在模擬兩可時建立秩序且釐清狀況。領導者需具備使命感，而且通常能在面對反對聲浪時影響他人、解讀情勢、談判並表達他們的見解。

佩妮・唐姆金（Penny Tamkin）曾與同事[2]共同研究針對備受關注的六大組織中七十七名企業領導者所進行的兩百六十場深度訪談內容，他們發現傑出的領導者都具備以下特點：

- 綜觀事物的全貌，而非區隔事物；
- 透過引導性的使命感連結事物；
- 會為追求卓越而更有動力，並著重在組織的結果、願景與目的；
- 理解本身無法創造績效，卻能透過影響他人締造績效；
- 仔細自我觀察，並且行為一致，以藉由互動來體現領導者的角色，並且力臻卓越。

成功的領導者都是怎麼做的？

來看看這三個範例。

赫伯・凱勒赫——美國西南航空公司執行長

外界普遍認為美國西南航空（Southwest Airlines）是全球最成功的航空公司。在赫伯・凱勒赫（Herb Kelleher）的率領下，該航空自成立以來的三十二年間，幾乎每年固定達到百分之十至十五的成長率，美國《財富》（*Fortune*）雜誌也描述赫伯・凱勒赫「或許是全美最優秀的執行長」。

身為領導者，赫伯・凱勒赫著重在以共同目標、共有知識與相互尊重為基礎的人際關係。其中心思想在於任務是透過他人的善意與支持才能達成。這種善意與支持，源自於視人們為「人，而非用以取得結果的其它資源」的領導者。他並將這觀念延伸如下：

- 拿起組織金字塔。
- 顛倒組織金字塔。在下面、底部的，是那些在總部的人；在上面、頂端的，則是那些在作戰、在前線的人。
- 他們才是讓事情成真的人，不是我們。

比爾・喬治——美敦力公司董事長暨執行長

在比爾・喬治（Bill George）十二年的領導下，美敦力公司（Medtronic，美國生醫工程公司）的市值以每年百分之三十五的成長率，從十一億美元增加到六百億美元。

他將這歸功於所謂「真正領導力」的運用，並予以定義如下：

- 真正的領導者真心想要透過自己的領導力服務他人。
- 與其自身擁有權力、金錢或名望，他們更感興趣的，是授權給自己所帶領的人們，希冀帶來改變。
- 他們用目標、意義及價值帶領人們。
- 他們與人們建立歷久不衰的關係。
- 他人之所以追隨他們，是因為清楚他們的立場。
- 他們言行一致、自律甚嚴。

傑克．威爾許——美國奇異公司（General Electric）執行長

關於領導者，傑克．威爾許（Jack Welch）是這麼寫的：

- 所謂成功，就是為他人帶來成長。
- 是讓為你工作的人變得更聰明、更強大且更勇敢。
- 你身為個人所做的一切都不重要，除了你是如何培養、支持自己的團隊，並增加他們的自信。
- 你身為領導者的成功不會來自於你做了什麼，而是會來自你的團隊所反射的光芒。

領導的現實狀況

領導的現實狀況，就是有不少第一線的管理者及監督者在被任命或拔擢擔任目前的職位時，可能僅具備一些管理或監督職責為何的概念，卻並未領會到他們所需的領導技巧。他們把自己的角色當成「告訴人們做什麼，然後確定他們去做」這麼簡單，於是可能著重在完成工作，而忽略了其它所有的事。

然而，更好的管理者及監督者則會仰賴自己的訣竅（當權者直接去找知道怎麼做的人）、沉著的信心與冷靜的分析方式來處理問題。任何甫被任命的領導者或晉升至更高領導層級的個人，都將透過協助他們了解、應用所需技巧的領導力培育計畫而受益匪淺。

領導力清單

任務

- 需要做什麼、原因為何？
- 需要在何時之前達到什麼結果？
- 需要克服什麼難題？
- 這些難題讓人容易理解嗎？
- 是否有危機狀況？
- 此刻該做什麼才能處理危機？

- 優先順序為何？
- 可能施加什麼壓力？

個人

- 個人的優劣為何？
- 激勵他們最好的方式可能為何？
- 他們最擅長執行什麼任務？
- 是否有藉由培養新技能以增加靈活度的機會？
- 他們在達到目標與績效標準時的表現有多好？
- 他們能夠管理個人的績效及發展到什麼程度？
- 是否需要培養技巧或能力的領域？
- 我能如何提供他們這類改善績效的支持及指導？

團隊

- 團隊的組織狀況如何？

- 團隊工作是否融洽？
- 團隊如何能夠實現承諾並獲得激勵？
- 團隊擅長、不那麼擅長的分別為何？
- 我能做什麼改善團隊績效？
- 團隊成員是否靈活可變通——能夠執行不同的任務？
- 團隊能夠管理自我績效到什麼程度？
- 有無機會授權給團隊，以使他們能為設定標準、監督績效表現及採取修正措施承擔起更多的責任？
- 團隊能否受到鼓勵、一同想出改善績效的方式？

培養領導技能的十項計畫

1 了解領導的意義。

2 理解你所能看到的不同領導風格。

3 評估什麼才是你所深信的基本領導風格。

4 找來大家、同事與你實際上帶領的團隊成員，要他們告訴你，他們覺得你的領導風格為何，還有管不管用。

5 依據這項訊息，仔細思考你得做什麼、能做什麼，以修正你的領導風格，並牢記你一路走來應始終如一，也就是說，你的風格仍應是自然、不違背本質的。

6 思考身為領導者的你所遭逢的典型狀況及難題。做了必要的修正之後，你的領導風格就會適用於所有狀況嗎？若不適用，你想得到有哪種不同領導風格，會更適用於那些狀況？你若想得到，那麼就思考一下自己得做些什麼，才能在必要時彈性調整你的風格，卻不致在團隊面前顯得前後不一。

7 有關哪些特質會造就優秀的領導者，外界有著各種不同的解釋。檢視這些版本，並利用先前列出的清單評估自己的績效。針對自己的弱點，決定你得做什麼、能做什麼。

8 思考或觀察任何你所認識、曾為其工作，或曾一同工作的管理者。

9 一一評估先前領導力技能清單中所羅列的特質。

10 仔細思考你能透過上述特質學到什麼是有效、較不有效的領導行為，並據以評估你能在哪些方面有效地修正個人的領導行為。

注釋

1 Adair,J (1973) *The Action-centred Leader*, McGraw-Hill, London

2 Tamkin, P, Pearson, G, Hirsh, W and Constable, S (2010) *Exceeding Expectation: The principles of outstanding leadership*, The Work Foundation, London

05 如何成為敬業的管理者

敬業的管理者會全心投入工作中。人們工作時若有以下情況，就會開始投入：

- 對工作感興趣、正面積極，甚至興奮且激動；
- 將運用「自發性努力」（discretionary effort）充分發揮自我能力，以付出比預期更多的努力完成工作——即人們在必要時準備超乎一般預期，去做「並未列入工作項目中」的事；
- 致力於組織及其價值：他們深信該組織是個「任職的好地方」；組織所做的都是值得的；組織對顧客、員工及普羅大眾的所作所為也都符合道德標準；然後他們想要持續作為組織中的一份子。

敬業的員工會達到更佳的績效、比他人更有創意、更可能想與雇主並肩作戰、對工作及組織感受良好，並深信他們在工作量上游刃有餘。

如何增加敬業程度

路易斯・唐諾森（Lewis R Donaldson）與同事在二〇一二年為英國人力發展協會[1]所進行的研究中，針對敬業管理者的行為列出以下清單：

- 信任員工，並讓員工參與；
- 協助員工發展職涯；
- 給予正面的回饋、讚美，並獎勵傑出的工作表現；
- 對員工表達關心；
- 被需要時一直都在；
- 採取正面積極的方法，以身作則；
- 公平對待員工；
- 幫助且提供員工建議；
- 設定明確的目標，並界定期望的內容；
- 確保手邊擁有資源，以因應工作負荷，同時滿足個人權益；
- 了解並解釋流程與程序。

迪麗絲・羅賓森（Dilys Robinson）在二〇一三年為英國就業研究所[2]（Institute for Employment Studies, IES）所做的研究中指出，團隊成員中敬業程度較高的管理者會因清楚他們期待團隊達到什麼，進而使他們更加專注且更有使命感，最終促使團隊成功。敬業的管理者也擅長提供回饋，並促成一種開放性的文化，使居中的團隊成員樂於承認錯誤、尋求協助。他們更會正面積極地提出改善的建議。以下是一些員工對其管理者所做的評論：

……我覺得她處理事情的方式就像對你的能力充滿信心。你要是走偏了，她會告訴你……所以她不會讓你歡歡喜喜地往下走，卻是往完全錯誤的方向去。

他會給你建議。你若需要幫忙，他就會給你建議，否則，他就是相信你會繼續下去。

她總是先以個人出發，然後再以團隊的角度，讓我們知道大家做得多好。每周她都在說我們哪裡做得很好、哪裡不好，或是我們該做什麼才能改善。

她一進門就有了行動方案，她會說：「你們繼續檢討、團隊談話啊，我都想要旁聽。比如說，我想看看你們怎麼應付代理商、怎麼引導會議進行……」她都會給我們暗示和訣竅，像是可以如何更進一步、哪些做得很好、哪些可以繼續、下次可以做些什麼不一樣的等等。

注釋

1 Lewis, R, Donaldson-Feilder, E and Tharani, T (2012) Management Competencies for Enhancing Employee Engagement, CIPD, London

2 Robinson, D (2013) The engaging manager and sticky situations, *Institute for Employment Studies* [online] http://www.employment-studies.co.uk/system/files/resources/files/493.pdf [accessed 8 November 2016]

06 如何管理績效

你身為管理者最重要的職責之一，就是確保你的團隊成員績效優異。許多組織都具備應能幫助管理者履行這些職責的正式績效管理系統。本章的下一個部分，便是要說明這類傳統的績效管理方式為何。少了這種系統，管理者就得自行管理績效，而本章的其它部分，則會就這點另作探討。只不過這種正式的系統即便存在，也常常失靈、無法妥善運作，於是管理者就只得仰賴自己、盡其所能地進行績效管理。

傳統的績效管理系統

傳統系統的重點，在於管理者與其團隊成員每年會舉辦一場正式會議，檢視或評定該年度的全年績效（有些組織一年舉辦兩場）。會議中，大家會先檢視年初設定的目標達成進度，然後個人會收到績效回饋，而且常按等級來評分。評分基本上有五種，如A＝優、B＝良好、C＝尚可、D＝可、E＝有待加強。這套強迫分配系統（forced distribution system）或許會被用以確保這個組織從上到下的評分，都依循著一種讓人能夠接受，且前後一致的形式。這也就需要管理者把評分分配成諸如A級佔百分之十、B級佔百分之二十、C級佔百分之四十、D級佔百分之二十、E級佔百分之十的形式，而這些評比，或許也會作為績效獎金的分配依據，或者明確指出誰可能獲得升遷。會議最後，大家將會設定來年的目標，理想的話，還會討論績效發展的需求。管理者會在書面或電腦上完成一張表格，並在適當的空格中打勾，接著就交由人資（人力資源）部保管。

但這種方法基本上有所缺陷。英國就業研究所最近依據他們的研究所做出的評論：

本研究中的管理者及員工不但發現到績效管理的過程相當複雜、官僚，還感受到績效管理的基本目的完全未受彰顯。從管理者、員工雙方得到最普遍的批評就是，這只是一種打勾或填表的動作……從人資、資深管理者所得到最令人印象深刻的訊息，居然是「他們得準時填完表格」這類行政規定的訊息。所以實際上，人資只是不斷地要求填寫表格而已，因此當管理者說管理績效感覺就像填寫表格，你也不必感到驚訝！

研究中受訪的管理者則說：

績效管理被視為某件你之所以去做，是為了讓人資閉嘴的事。它被視為人資所有，與你如何妥善管理員工毫無關係。

不少其他的評論家也曾做出這類的批評，對於傳統的績效管理方式投以反對的聲浪，其中涉及廢除正式的年度檢討大會，並以下列有關績效、發展等較頻繁且非正式的對話取代。如今人們比較仰賴培養出管理者在執行這類對話時的技巧，而非強迫他們依循官僚的體制。許多大型組織也已放棄評等的方式。

管理績效更好的方法

管理者不斷在做的就是管理績效，這可不是績效管理系統的一部分，然後管理者只要在年度會議中執行就行了。這可是關乎於優秀的管理，而非在表格上打勾而已。優秀的管理者是藉著確保團隊成員了解組織期望他們達到什麼、與團隊共同檢視未達期待的績效、定期針對結果提供回饋，並且贊成個人得做什麼才能改善績效、培養知識與技巧，來進行績效管理。

迪麗絲・羅賓森[1]在為英國就業研究進行成功管理者具備特徵的研究中指出，有五大要素會影響成功管理者如何管理績效：

1 管理者非常清楚自己的期望，因為期望會給予團隊重點並賦予使命感。

2 管理者會有效描述其團隊是如何對組織整體的目標及方向帶來貢獻。這會使團隊感覺受到重視，並讓他們清楚表達，他們無論身為個人還是作為團隊的一份子，都會如何幫助組織達成目標。

3 管理者擅於判斷團隊成員是否了解自己該做什麼，但他們不囑咐活動該如何辦、深入細節，或以任何方式進行「微管理」（micro manage）。反之，他們說明任務內容、預期成果，以及為何該團隊被要求執行這項任務，接著才讓人們著手進行。

4 管理者會設定明確的品質和行為標準，因此團隊就會清楚知道他們該執行到什麼程度，也能領略到管理者藉由依循這些標準以身作則。

5 管理者清楚個人及整體團隊表現如何，並經常給予（正面積極，還有事情不順利時的補救性）回饋。團隊成員很感謝得到及時且頻繁的回饋。

以下是管理者在接受迪麗絲的訪談時，對自己如何管理績效的評論：

所以對我來說，關鍵在於一對一的時間，他們知道自己的目標，我們也會定期討論。

因此，從來就沒有真的像要一本正經的坐下來，然後說「我們來看看你所做的每一件事」的狀況。

我認為定期對談……至少兩周開一次，一對一的談話，談談他們自己還有正在進行的工作做得如何……這樣我才能了解他們在做什麼，也才能給些建議，或在他們需要些輔導時給些建議、想要幫助和支援時給予協助；

每周我都和與我共事的人有個一對一的時間，一次半小時，這是個和人們討論事情的好機會。我會跟他們說，這是你和我的時間。不過坦白說，不僅只於此，是我想跟他們聊聊。

與其順從傳統績效管理中繁文縟節的要求，這麼做才是管理績效的最佳方式。這些管理者是在管理績效，而非執行系統。

管理表現不佳的人

雖然你盡其所能地強化績效，但你幾乎免不了要找時間處理表現不佳的人。以下有十個訣竅：

1 界定表現不佳的領域——要明確。

2 確立表現欠佳的原因——是因為並未適才適所、欠缺必要技巧、未從他／她的團隊領導人獲得足夠的支持及指導，亦或只是不夠努力？

3 採取解決問題的方法，以因應情勢——取得個人和／或管理者對於採取必要行動的同意。

4 確定提供必要的資源，以克服難題。

5 提供輔導。

6 提供額外培訓。

7 仔細思考重新分配職務。

8 監督進展並提供回饋。

9 需要時提供額外指導。

10 先給予非正式的警告，最後借助「能力依據程序」（capability procedure）或紀律處分程序（disciplinary procedure）作為最後手段。

注釋

1 Robinson, D (2013) The engaging manager and sticky situations, *Institute for Employment Studies* [online] http://www.employment-studies.co.uk/system/files/resources/files/493.pdf [accessed 8 November 2016]

07 如何應對與人相處的難題

我們偶爾都要處理人的問題。不只會遇見舉止負面又難相處的人，告訴人們壞消息，還得進行有挑戰性的對話。我們可能需要懲處某人，而且在極端的狀況下，甚至還要解雇他們。我們若未妥善處理他人，那麼結果不是挫折、憤怒，就是其它適得其反的行為活動。

應付難相處的人

人為何難相處

在我們仔細思考人為何難相處的同時，我們應該記住，他們或許也同樣深信

難相處的是你，而非他們。人會以其人之道還治其人之身，所以你在評估情況時得捫心自問，這個問題是否由你的行為造成，而非由他人的行為造成。

人們（不論是你或他們）棘手的原因有很多，茲列舉若干如下：

- 基本上反對組織期待他們做些什麼，或者期待他們該怎麼做；
- 相互較勁；
- 實際或憑空想像的輕視；
- 傲慢的行為，或被認為是傲慢的行為；
- 感到未因本身或本身的貢獻受到重視；
- 志向受挫，而受挫是因為你；
- 未得到自己認為值得的關注；
- 無法隨心所欲，做自己的事；
- 缺乏信任；
- 不安全感；
- 關切改變帶來的衝擊；
- 實際或感受到的壓力太大。

此外，還有個令人感到棘手的「菲爾博士原因」[1]（Dr. Fell reason）：

菲爾博士，我不喜歡你，
我無法告知原因；
但我知道，我清楚知道，
菲爾博士，我就是不喜歡你。

沒錯，最後一個原因是最難處理的。你可以嘗試去應付其它狀況——即便最後的成功將取決於你投入多少努力，同時反對的理由倘若深植人心，又或者多出於偏見、非理性（常是如此），而使得成功受到限制或有所延誤。

應對難相處的人的十種方法

1 儘可能地預期問題。

2 快速因應。迪麗絲・羅賓森[2]曾針對團隊成員中高度敬業的管理者進行研究，而研究中顯著的結果之一，就是敬業的管理者在人們顯現出不受歡迎的行為時，普遍都會迅速反應，這有一部分是為了防患未然，另外是因為他們不希望團隊的其他人受到影響。

有一名管理者曾經這麼說：

我已經學會快速處理問題，而非搪塞卸責、敷衍了事。迎頭處理事情的感覺並不舒服，但這才是最好的方式。我得信任自己的風格及判斷。我已經學會不去隱瞞事情，並且冀望事情會好轉。

3 仔細審視自己的行為。是否因為你做了什麼才會這樣？

4 分析可能的單一原因或多重原因。

5 試圖與其達成協議，同意問題確實存在，並且運用提問，明確指出問題為何、如何解決，之後對行動方案達成共識。

6 與個人討論問題。當雙方花了些時間分析困難在哪，以致雙方都同意能為此努力的同時，最好想出一個共同解決問題的方法。如一名部門經理曾對迪麗絲・羅賓森所說的：

對付某些難相處的人，其實是要讓他們知道，他們什麼時候令人感到難相處，然後坐下來跟他們討論清楚。同時確認自己手中明確掌握證據，能讓這次對話穩健地進行下去。

7 對付挑釁的人時，要堅定立場。

8 永遠保持冷靜。對生氣的人大發雷霆，只會讓你一無所獲。

9 試圖理解那些難相處的人。但倘若他／她太過生氣或沮喪、一句話也聽不進去，那麼暫時抽離、大致說明大家需要時間反思一下這次情況之類的，或許是最好的方式。

10 審慎思考你所使用的字眼。別試著把自己的貢獻說得天花亂墜，讓他人也說說自己的。

告訴他人壞消息

迪麗絲・羅賓森發現，敬業的管理者都會誠實、公開地告知壞消息，並拒絕對自己的團隊撒謊或把他們蒙在鼓裡。以下是部門經理對她所提出的一些建議：

你得儘可能地保持開放，並解釋根本原因。

我的經驗是公開坦承、宣布壞消息、把事情的來龍去脈說清楚……我的承諾就是提供他們訊息和事情的始末，好讓他們為自己做決定……人們寧願在有壞消息的時候聽到壞消息，而不願長期被管理者蒙在鼓裡。

有壞消息時，我都會直說。試圖減輕衝擊是毫無意義的，你得公開、坦白。一旦傳達了壞消息，我會藉著幫助人們走過那段歷程、增加他們的理解，試圖協助他們跨過那個接受的坎。

我已經學會快速處理問題，而非搪塞卸責、敷衍了事。迎頭處理事情的感覺並不舒服，但這才是最好的方式。我得信任自己的風格及判斷。我已經學會不去隱瞞事情，並且冀望事情會好轉。

處理挑戰性的對話

許多管理者覺得與個人針對績效議題進行對話或者開會討論並不容易。倘若管理者想要達到預想的改變或績效的改善，那麼這些在事前可能看起來很困難，實際上也可能很有挑戰性。倘若你害怕未來可能發生不願合作或公然敵視之類的不愉快，又或者無論你怎麼努力預防、實際上還是發生了不愉快，那麼這些甚至可能變得更有挑戰性。以下是處理挑戰性對話的十二項準則。

處理挑戰性對話的十二項準則

1 別等到正式的檢討會議。一顯示不對勁，就私下進行討論。
2 事先掌握事實——發生何事？何時發生，還有為何發生？
3 依據事實以及你對那個人的了解，規劃一同開會，並界定會中要達成什麼。
4 會議開始就定調——採取平靜、審慎、慎重但友善的方式。
5 藉由解釋會議的目的、明確向個人指出問題所在並提供特定的範例而展開對話。
6 針對問題，而非個人。
7 要求解釋。提出接二連三的疑問，以澄清並共同探索問題。

8 讓人們有話可說，並加以傾聽。

9 保持開放的心態，別驟下結論。

10 認同個人的處境，並同意任何可能從輕發落的狀況。

11 要求員工提出解決這個狀況的方案、討論可能的選項，同時儘可能地認同由個人、管理者或由雙方共同採取的行動。

12 若無法達成協議，管理者或許得說明理由，並且定義下一步該怎麼做——他們可是負責人！

處理懲戒問題

倘若其它的都不管用，而你也一直無法解決績效或行為問題，你或許就得訴諸公司的紀律處分——倘若有的話。這類的處分是一種階段性的過程，起初先非正式警告，倘無任何改善，則有正式的書面警告，接著才會採取最終警告作為最後手段，明確指出倘若無任何改變，組織就會進行懲處。無論有無紀律處分，管理者或許都會發現勢必要對談。倘若如此，請確定你已經掌握所有的事實，並且運用以下方法：

1 通知員工你將進行晤談，那麼他們就能準備，且能找到代表人和他們一同參與。

2 在現場安排同事，以協助對談並且記錄。

3 向員工敘明不滿的理由、提供準確的依據並適時提出相關他人的佐證聲明。

4 讓員工提供自己的說詞，並找來支持其論點的證人。

5 向員工及其證人提出疑問，且讓他們同樣這麼做。

6 為過程中產生的問題和其它相關議題留下討論的時間。

7 給予員工提出最後說詞的機會，並提及任何可能從輕發落的狀況。

8 歸納會中你所了解的重點，但允許員工評論這些重點，並準備好修正你的歸納內容。

9 暫時休會，如此一來，你就能依據對談時所呈現的，仔細思考你的決定。最好別在開會中就宣布你的決定。若是單純的案子，休會時間大概半小時就夠了；若是比較複雜的案子，休會時間可能較長。

10 再次開會，並宣布你的決定。

11 寫下你的決定，以供確認。

解雇員工

你應時時試著協助人們改善，倘若遇到績效問題，你應盡心盡責地審查增能程序或紀律處分的每個階段。

但很不幸的，你可能會發現由於員工一直無法達到可接受的標準，所以你仍免不了要解雇員工。倘若發生這種情況，請牢記以下幾點：

- 切入重點。在對談開始的三十秒內，就告訴當事人他／她得收拾走人。
- 清楚說明員工的缺點，引用準確的依據，但避免對個人「惡意中傷」。
- 別說抱歉。你若確定這是正確的行為，那麼就沒什麼好抱歉的。
- 直截了當地表示，就你而言這是無法撤銷的決定，但員工仍然保有申訴的權利。
- 確保員工若採取申訴或法律途徑時，你擁有目擊證人。

- 選在周五解雇員工。
- 採取行動，以確保個人在遭解雇後不致擁有進入公司電腦或取得機密資訊的管道，但可別安排他／她「遭他人押送離開公司」——有時會發生這種狀況。
- 你清楚知道，你若並未依循公平的紀律處分，或對解雇他人的行為缺乏正當的理由，就可能發生不當解雇之類的法律問題。

注釋

1 譯注：源自由一六八〇年英國諷刺詩人湯瑪士・布朗（Thomas Brown）所寫的短詩詩集，暗指有時討厭人是毫無理由的。

2 Robinson, D (2013) The engaging manager and sticky situation, *Institute for Employment Studies* [online] http://www.employment-studies.co.uk/system/files/resources/files/493.pdf [accessed 8 November 2016]

08 如何提供回饋

何謂回饋？

回饋是就「人們已經達到的結果」以及「他們如何達到那些結果」曾經表現得如何，以此提供人們訊息。

為何回饋很重要？

回饋讓人們了解他們處於什麼狀況，以及他們能做什麼改善績效。在績效的自我調整中，回饋和目標設定都扮演著重要的角色。回饋著重在對組織相當重要的績效目標上、協助發掘錯誤、維持著達到目標的方向、影響新的目標、提供績效能力以及達到目標尚需多少努力／精力的訊息，並且正面強化目標成就。

克里斯多福・李[1]（Christopher Lee）曾針對回饋的重要性說明如下：

使用回饋檢視並建立績效

績效面談應涵蓋雙向交流，以確保員工完全明白什麼是好、什麼是壞，還有好的績效為什麼好、壞的績效為什麼壞。透過精準地描述績效的細微差別，員工能夠更加了解他／她過去的行為或活動是如何影響績效結果，以及未來的努力可能如何造就未來的績效。為了讓員工了解，精準地描述或診斷績效是十分關鍵的，而且唯有透過及時回饋，才有可能帶來改善。

績效事件和績效回饋隔得越久，清楚記住績效事件的人物和品質的挑戰也就越大……每半年一次或一年一次的績效面談都無法單獨改善績效。對於記載某些績效指標或許非常有效，但對於管理、調整及改善績效可能就不那麼有效了。伴隨著充分回饋的良好監督，才稱得上是良好的績效管理。

何謂正面回饋、負面回饋？

當回饋認同成功時，就是正面且有幫助的；當它辨識出導向有效行動的改善領域，就是有建設性的。反之，當回饋的內容老在歸咎失敗，就是負面且毫無幫助。把疏失或判斷上的錯誤當作學習機會，以致未來較不可能重蹈覆轍，這樣才是正面積極的做法。

哪些是成功回饋的要件？

- 提供正面且有建設性的回饋。
- 闡明關鍵績效指標，使回饋成為工作組成的一部分。
- 基於事實佐證，在實際事件當下提供回饋。
- 傳遞回饋。
- 敘述，別評斷。
- 不具威脅性。

- 著重績效議題，但不針對個人。
- 參考並定義特定的行為。
- 定義優良的表現或行為。
- 提問。
- 擇定關鍵議題。
- 內容涵蓋如何處理任務，別僅注重結果。
- 確保回饋促進行動。

回饋的方法

若能儘可能地在事件一發生、人人對於狀況都還記憶猶新且將帶來最大影響時給予回饋，將會是最有效的。不該延至年底正式檢討績效時才給予回饋，且若不迅速採取行動，員工可能以為沒有問題、受到誤導，進而被剝奪改善或矯正的機會。

管理者應只著重在已經達成**什麼**，而非**如何**達成。

別針對個人攻擊。訊息內容以最近的事實佐證為基礎；提出事實而非意見。

注釋

1 Christopher D. Lee, (2005) Rethinking the goals of your performance management system, *Employment Relations Today*, 32 (3), pp 53-60

PART 2

栽培員工

Developing people

09 如何栽培員工

人們主要透過經驗學習、發展，這意味著大多數的發展都是在工作場所中產生的。但人們會需要支援與協助，而這就是你身為管理者的工作。你得領略到投資員工的重要性，然後如同本章所闡述的，採取必要的行動發展並栽培員工。

投資員工

有一名廣告公司的董事長曾說，他的「存貨在電梯裡上上下下」。他的主要資源——流動資本（working capital）——就是「人」。這在任何其它類別的組織也適用。錢是很重要，但任職的員工更重要。

你若想以務實的觀點來看人們，就是把他們視為投資。人力要花錢才能取得、維護，同時應在這樣的開支下提供回報；隨著人們在工作崗位中變得更有效率且能負起更多的責任，就會持續增值。以會計學的角度來看，人們可被視為資產負債表（balance sheet）中的任何其它資產，並把購得成本以及他們在獲得經驗後所增加的價值納入考量。

在工作中栽培員工的十個方法

以下是你能栽培員工的十個方法：

1 分析你期待任職者知道什麼、能夠做些什麼。必要的話，向專業的培訓人員尋求協助，以進行此項分析。

2 決定每份你所掌控的工作之績效標準。

3 確保相關個人清楚你對他們的期望。

4 與這些人共同檢視績效，那麼就能針對填補「他們能做什麼」及「他們應該能做什麼」之間的缺口達成共識。

5 每當你下達指示，就把這當成學習的機會。鼓勵個人說出他們打算如何執行這份工作。倘若他們弄錯了，協助他們為自己找出最佳方法，同時逐漸減少指導，這樣他們才能學著獨立自主、自立自強。

6 別期望太多。學習可能需要時間（學習曲線）。他們必須了解自己該做什麼、該學會什麼，並練習所需的技巧。切記，每個人的學習速度不同，不要期待人人都會以相同速度進步。但要要求學習者以符合資質的速度取得改善。只有當對方顯然試也不試，才加以施壓——毫無任何藉口。

7 藉由範例予以訓練、栽培。給對方有機會學習你做事的方式。管理者是藉著在優秀管理者的督導下進行管理，而學習管理。牢記這句話的真諦。其它類別的任職者也適用這個原則。

8 記住，訓練並栽培員工的主要責任操之在你。你決定訓練、栽培與否，則取決於他們的能力及技巧。你必須承擔自己「忽視訓練職責」的後果，你不能依賴學習與發展來幫你達成什麼。沒錯，它是能提供建議與協助，但卻無法取代在職訓練。

9 依據定期檢視員工的訓練需求，為他們規劃教育訓練。

10 記住，你能栽培員工最好的方式之一，就是如第十章所說的：輔導他們。

10 如何輔導員工

輔導是管理者工作的關鍵部分。你得知道這為何重要、涉及什麼，還有如何進行。

何謂輔導

輔導就是個人的（通常是一對一）在職培訓方法，管理者可用來協助人們培養技巧與能力水準。身為管理者，你就是得透過人們取得結果；這也就意味著，你個人得對確保人們學會並培養他們所需的技巧付起責任。類似導師、培訓師與管理發展專家等其它形式的人或許有所幫助，但因截至目前為止，學習的最佳方法就是在職學習，所以你得負起主要的責任。

輔導的需要

輔導的需要或許來自正式或非正式的績效檢討，但輔導的機會則會在日復一日的正常活動中出現。每當你交付某人新任務，你就為他創造了輔導的機會，好協助個人學會執行這項工作所需的新技巧或新技能。每當你在任務結束後為個人提供意見回饋，這也提供了一個機會，幫助那個人下次做得更好。

輔導的方法

輔導可以私下在現場進行，沒必要非得排定特別的輔導課程。輔導應被視為你工作上正常的一部分，而且你的團隊成員也同樣接受這點。

輔導的目的

輔導的目的如下：

- 協助員工清楚了解他們做得多好、哪裡需要改善，還有必須學會什麼；
- 實際施行有限制的授權；換言之，管理者能夠委派新任務或者擴大工作範圍，必要時針對任務或工作應該如何進行提供指導，並在工作進行時監督績效表現；
- 讓管理者與個人利用所發生的任何狀況做為學習的契機。
- 能夠針對如何在必要時執行特定任務提供指導，但皆須以協助人們學習為基礎，而非填鴨式教育、一個指令一個動作，指示他們做些什麼還有如何去做。

輔導的順序

管理者可按以下步驟來輔導：

1 明確指出需要學習的知識、技巧或能力領域，以使他們具備執行任務的資格；同時持續地栽培員工，並強化可應用的技能，或者改善績效。

2 確保人們了解並接受學習的必要。

3 與個人討論需要學會什麼，以及從事學習的最佳方法。

4 要人們想出，並解決他們在明確指出哪些方面將會需要你或他人協助的同時，如何能夠順利完成自己的學習。

5 鼓勵並建議個人追求自學方案。

6 在個人需要你協助時，提供必要的特定指導。

7 同意應如何監督、檢視進度。

PART 3

管理技巧

Management skills

11 如何控制

基本上，你正設法控制兩大領域——投入及產出——還有這兩者之間的關係，也就是生產力或績效表現。所有管理者都知道莫非定律（Murphy's law）：「凡事若有可能出錯，就一定會出錯；還有，在所有不可能出錯的事情中，有些就是會出錯。」

妥善的控制，旨在保護你的計畫儘可能不受到這些定律的運轉所影響、在問題爆發前察覺問題點，並且防止那些正等著要爆發的意外事件。預防勝於治療。

控制的基本條件

控制是相對性的，它處理的不是絕對事物，而僅是「優秀」與「不那麼優秀」績效間的差別。

控制基本上就是衡量。這取決於「目前已經達到什麼」的準確資訊，然後再與「以往應達到什麼而沒達到」、「以往達到過什麼」一同比較。但這都只是一開始。妥善的控制還會區分責任並指出行動的方向。

有效的控制

你若想妥善控制，就得：

- 計劃目標達到什麼；
- 定期衡量已經達到什麼；
- 比較實際成果與計畫內容；
- 採取行動，充分利用訊息所透露的機會或者修正偏離計畫的部分。

注意，控制並不僅是更正這麼回事，它也有積極的一面，那就是根據收到的訊息，完成更多的事或完成更好的事。

控制的難題

建立一個妥善的控制系統並不容易，其中有兩大基本難題：

1 如何設定合適且公平的目標、標準及預算。（當量化的範圍受限，或者情況致使預測的結果變得並不牢靠時，這麼做或許並不容易。）注意，擁有合理的目標很好，但太多目標可能導致怨恨、混淆並著重在產出正確的數字，而非去做正確的事。

2 如何決定什麼訊息對控制的目的來說才是最關鍵的，同時設計出能向需要訊息的人們清楚傳遞該項訊息，並用以指出行動方向的報告。太多的控制系統會產生過剩、無法消化的數據，且這些數據會被錯誤的人所用而無法據以行動。可能會發生訊息不足，但也會有訊息過剩、適得其反的問題。再者，有些人往往只報告好的結果，而掩蓋不好的結果。因此不管怎樣，數字或許並無法告訴你事情的來龍去脈。

取得妥善的控制

你若想取得妥善的控制，那麼你可以採取以下七大步驟：

1 決定你想控制什麼：著重在關鍵的結果領域。
2 決定你打算如何衡量、檢視績效。
3 確定只有少數有限的關鍵控制因素才是必要的：太多的關鍵控制因素會導致混淆，並且侷限績效表現。
4 運用比率分析來比較，並界定變異及問題所在（但請使用第五十六章所建議的內容來處理比率問題）。
5 建立一個全面但不致太過複雜的控制系統。
6 謹慎地運用目標：別仰賴它們作為唯一的控制機制。
7 採取例外管理（即在訂定標準後，專注於偏離標準的例外事件）。

控制投入及產出

在控制投入、產出，藉此提高生產力上，概觀是必須的基本功。專注在主要被當作成本的投入是沒有用的，除非你去細究這些支出所產生的利益，以及誘發這些成本所伴隨的效益。成本效益（cost-benefit）和成本效果（cost-effectiveness）的研究都是控制過程中的基本。

投入控制

當你控制投入，應旨在衡量並評估以下績效：

- **金錢的績效：**其生產力、流向、流動性及保存性。這涉及以下四大要件：
  1. 你得清楚，在和你想要的回報相較下，在投資之後會獲得怎樣的回報。
  2. 你應確保自己擁有營運所需的現金與流動資本。現金流量分析（cash-flow analysis）十分重要。財務管理的黃金定律之一，就是「流入的現金必得超過流出的現金」。
  3. 你得保存並提供未來進行貿易、發展計畫以及資本投資所需的融資。

4 從事管理行為時，你必須清楚財務資源如何被有效地運用在產出商品、服務及利潤，而這得針對控制直接成本、間接成本與一般管理費投入持續且密切的注意力。

- **人力的績效：**你所聘僱的員工在品質與績效上的效能。
- **物料的績效：**其可取得性、狀況、可轉換性（convertibility）及廢料產出。
- **設備的績效：**機器的利用率及產能。

產出控制

量化控制評估措施（quantitative control measures）：生產或銷售多少單位、提供多少服務量、取得多少銷售營業額及獲得多少利潤等。組織之間的關鍵績效評估措施各有不同。你必須透過分析，決定哪些是成功或失敗的重大指標。

質化控制評估措施（qualitative control measures）：組織（如上市公司）或組織內部非生產性部門（如人資）所提供的服務水準。管理者要從這些領域中擇定有效的績效評估措施是比較困難，但仍應嘗試去做。

控制系統

你須從控制系統得到什麼

你的基本要求，就是擁有明確指出良好績效及不良績效所在的領域，以能妥善採取行動的報告。

倘若更進一步，你應採用「例外報告」（exception reporting），如此一來就能突顯出必須採取因應行動的重大誤差。到了這個階段，對照計畫並針對績效與趨勢做出全面性的概述也會是必要的，但這些概述或許會掩蓋只有在例外報告才看得出來的潛在重大誤差。

這些報告本身應：

- 涵蓋準確、有效、可信賴，並能直接、簡單地比較預期績效及實際績效的評估結果；
- 分析趨勢，截取某一時段的績效，與先前某一時段的績效或前一年同一時段的績效作比較，並在適當時總結一下年初至今的狀況；
- 提供給負責相關活動的那個人；

- 能快速且及時產出，以便採取必要行動；
- 針對任何偏離計畫的部分提出簡要說明。

評估數值

評估數值的用意良善，但你必須小心處理所有的數字，因為它們所隱蔽的，可能比所透露的還要多。我們要找出的不足處有：

- **不具代表性的報告內容：**選定的數據並未涵蓋主要議題，掩蓋了不利的結果或過度強調有利的績效。
- **並非比較兩種相似的事物：**比如說，自蒐集基礎數據以來，並未將過去已經改變或即將改變狀況的變化因子或全新因子納入考量的趨勢或估算。
- **開始的共同基礎不同：**這是一種「相似」難題的變化。比較趨勢時，就訊息所涵蓋的區間及要素等應具備相同的基礎。
- **誤導性的平均值：**平均值不會總是告訴你事情的來龍去脈，而可能會隱蔽績效表現中的重大極端值。

- **不經意出的差錯：**計算、簡報或評述中的簡單疏失。
- **斷章取義的評估數值：**幾乎任何單一的評估都會受到其它評估的影響，又或者與其密不可分。單獨存在的數字或許不是太有意義。你得了解彼此的關係及潛在的影響。

例外管理

例外管理，是一種唯有在需要管理者注意時才會警鈴大作的系統。該原理是由科學管理之父費德瑞克・泰勒（Frederick Taylor）所創立。一九一一年，他在《科學管理原理》[1]（*Principles of Scientific Management*）一書中寫道：

在例外的原理下，管理者應只接收經過濃縮、概要式以及持續進行比較的報告，並涵蓋管理中的所有要素。上述這些概要，甚至應先由助理全部仔細看過，再交予管理者，並且同時指出過去平均數或標準值中的例外——如特別優秀與特別糟糕的例外——進而讓管理者在短時間內綜觀全貌是正進步中或退步中，然後讓他有時間去思考推廣政策的可能，並研究其麾下重要人士的個性及適性。

例外管理能讓上司免於雜事干擾，專注於重要議題上，並在下屬了解不尋常的意外事件將會向上呈報的同時，給予他們更多機會繼續進行工作。

決定「什麼足以構成例外」本身是很有幫助的。這意味著要挑選出會顯現出好的、壞的或者一般結果的關鍵事件與評估措施，並明確指出績效的呈現是否一如規畫。

管理者能夠研究選定的指標或比率，如此一來，便能快速了解變化或趨勢的重要性。更重要的是，他們能夠分析誤差可能的肇因，將其牢記在心；於是就能迅速地朝正確的方向啟動調查，並旋即採取補救措施。

我們大多遇過有些上司或管理者，他們似乎有著近乎神奇的技能，能讓他們研究一堆數字、馬上指出那個真正重要的誤差值或者並未反映事實的項目。有時這似乎是出於直覺，然而當然不是。這類管理者正在練習例外管理的藝術——即便他們從不把這叫做例外管理。他們的經驗與分析能力已經告訴他們什麼才構成正常績效，而且他們一眼就能看出哪裡不對勁。他們清楚什麼是關鍵指標，也會努力去尋找這些指標。這是一種人人都能培養的技巧，而且付出努力學會這種技巧，可說是非常值得。

注釋

1 Taylor, F (1911) *Principles of Scientific Management*, Harper & Row, New York

12 如何協調

協調——「同心協力」——涵蓋了管理者帶領許多不同的參與族群，為達到成果而採取的所有行為。這並非管理者的個別職掌，協調的概念中也並未描述一系列特別的運作方式。為了整合個人行為，所以需要協調。有些活動必須按照次序、一個接著一個；有些活動為了同時完成，則必須同時朝著相同方向進行。

協調的方法

顯然地，你能夠藉著讓人們順利合作，來達到好的協調。這意味著要整合他們的活動、妥善溝通、運用領導力還有建立團隊（所有主題皆另闢章節分別探討），但也應留意以下這些特定技巧。

計劃

應在事情發生之前就協調，而非在發生事情後。計劃是第一步，意味著要先決定該做什麼，還有何時該做。這是一種將整個任務區分為許多按照順序或者相關子任務的過程，再接著想出優先順序並排定時程。

組織

你一旦清楚該做什麼，就要接著決定由誰去做。當你在分配工作給他人時，應避免拆開那些相互連結、彼此無法清楚劃分的任務。

這之中最大的問題，會是決定明顯不同卻又彼此相關的活動之間界線為何。倘若那條界線太過僵化，或無法明確定義時，那麼就可能遇到協調上的問題。不要過分依賴職務內容、圖表及手冊中所定義的正式組織架構，不然將會導致組織僵化，並造成溝通上的阻礙，而這些對協調來說都是致命傷。

在所有公司中的非正式組織都對協調有所幫助。人們共事時，會發展出跨越正式組織邊界的社交關係系統，並構建出傾向自律的非正式團體網絡。這會使管理者免於深入監督及管控，留下更多計劃、解決問題及監測整體績效的時間。

委派

非正式的組織雖然有所幫助，但你仍需個別委派工作，所採取的方式要確保員工明白管理者期待他們做些什麼，並清楚他們有必要與他人聯繫，以達到協調的結果。

委派的藝術是要使相關人士都了解他們得與他人建立關係的重點，還有這類行動必須完成的時間點。你不必告訴人們需要協調，他們就應該要會自動自發。一旦你委派的不僅是特定的任務，還有與他人共事的工作時，他們就會這麼做。

溝通

你不應只是清楚地溝通你想完成什麼，你也應鼓勵人們相互溝通。避免發生人們可能說出「為何沒人告訴過我？若是有人告訴過我，我就會告訴他們如何克服難關」的狀況。我們不該允許任何人訴諸「沒人告訴我」這種過時的藉口。找出他們該知道什麼，而非等著被人告知，這是自己要掌握的事。

控制

倘若你運用前述步驟，而且成功了，理論上你就不必擔心有關協調的問題。不過，沒錯，人生並不往往如此。你得監控行動與結果，一眼看出問題所在，並在必要時採取快速的修正行動。協調不會就這麼憑空發生，我們必須努力達成，但也要避免涉入太深，儘可能讓人們自由地培養平行的人際關係。相較於由上而下僵化且獨斷的控制，這些人際關係能夠更加有效地促進協調。

個案研究

協調多個活動並沒有所謂單一、正確的方法。一切都取決於執行中活動及情況的本質。比如說，目前的組織結構、現有的協調委員會，以及相關人士間得以溝通的場合。好的溝通最終仍取決於每位相關人士的意願——願意協調或者被協調，諸如委員會之類的正式機構未必能夠奏效。

有一家正於新市場內發展新產品的公司提供了何謂良好協調的最佳範例。新商品及其市場都與現有的事業部結構格格不入，無法直接歸於某事業部轄下管理，因此公司決定指定一人擔任專案經理，負責產品發行，手下有品牌經理和秘書兩名員工。公司內不同處室的相關部門則分別負責產品研發、生產、行銷、銷售與客服的工作。

專案經理擁有號令每個部門的地位與權力。董事會雖然支持這項專案、已經分配優先順序以及所需的資源，但不同的活動仍須加以協調，而且只有專案經理才辦得到。

最簡單的方法就是像之前一樣，設立一個龐大的協調委員會，然後就這麼放著。但這麼做肯定會失敗，因為這種複雜度的專案無法僅僅透過成立委員會就能協調成功。

這名專案經理發展出一套截然不同，且經證實極為成功的方法。他的首要目標，就是讓相關人士都對專案興味盎然，並要他們相信該專案的重要性，那麼就會專心致力於和其它相關部門密切合作。

他的下一步，就是與部門主管分別討論，如此一來，他們就能完全理解每個領域所需的工作規畫。於是他在專案企畫的協助下，編製了一張圖表，呈現出重要事件及活動、兩者之間的關係以及它們的先後次序，以順利完成專案。這張圖表不但分發給所有部門主管，還隨之附上該方案的每一階段所需的簡要工作說明。直到那時，專案經理才召開會議解決難題，並確保人人清楚該做什麼、何時該做。

同時建立了進度回報系統，並與部門主管召開進度會議。但這些會議只有必要時才會召開，他並不會仰賴這些會議達到協調的目的，反而比較仰賴與個別管理者私下接觸、檢視問題、留意專案需要調整哪些部分，甚至激勵管理者在必要時付出更多努力。這很花時間，但卻讓他密切掌握情勢，以致能夠預期任何溝通中可能的延誤、挫折或失敗，並隨時準備採取行動。他把圖表當作確認重大事件如期舉行的主要工具。

成功的協調與專案的完成並非透過單一方法，而是透過審慎地結合諸如激勵、團隊建立、計劃、整合、監測及控制等與情勢相關的技巧才能達成。

13 如何委派

委派是一種分配工作給團隊成員執行的過程。你無法樣樣都靠自己，所以就得將工作分配出去。委派乍看之下非常容易：只要告訴人們你要他們做什麼，接著就讓他們去做。但委派其實不只是這樣。

可能你會想把除了團隊成員做不到的之外，一切工作通通分配出去，但你之後無法撤回的。你確實已經安排其他人做這份工作，但你尚未賦予他做這份工作所需負起的責任。任何一個員工所做的事，你都要對你的上司負責。因此，一如大家常說的，你無法委派責任。

委派並不容易。對管理者來說，這或許是最艱困的任務，問題就在於在委派太多或太少之間，以及在過度監督或監督不足之間取得適度的平衡。當你派發工作，你不但得確認工作完成，還得在毫無阻礙、毋須緊迫盯人並浪費你和他人時間的情況下這麼做。這樣鐵定要同時具備信任、指導與監督。

委派的好處

1 減輕你在例行公事和不那麼重要任務上的負擔，得空處理更重要的工作。
2 拓展管理的能力。
3 減少決策上的推遲——只要你是在接近行動時授權。
4 使人們在清楚所有細節下才制定決策。
5 培養員工的能力與信心。

委派的過程

委派是一種從整體控制（分配到工作的個人毫無行動自由），直到權力全部下放（個人取得全面授權以執行工作），全都能按照順序的過程，如圖①所示。

何時委派

你應在此時委派任務：

- 你的工作量超出了自己所能有效執行的範圍；
- 無法分配足夠的時間給排序優先的任務；
- 想要栽培下屬；
- 這工作交由下屬完成便綽綽有餘。

如何委派

委派時，你得決定：

- 委派內容；

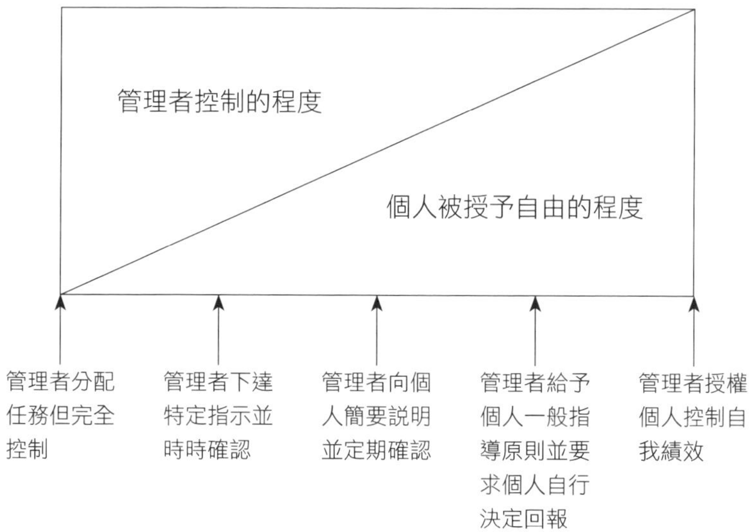

◆圖① 委派的各種程度

- 委派給誰——選擇由誰工作；
- 如何告知或向個人簡要說明——分配工作；
- 如何指導並栽培個人；
- 如何監督個人績效。

委派內容

你所委派的，是不必親力親為的任務。你不是僅僅在讓自己擺脫困難、無趣或毫無回報的工作，也不是正試圖為自己贏得更輕鬆的人生。實際上，委派將使你的人生更加困難，但也更加值得。

很顯然地，你會將那些自己無法合理地期待應由你親自完成的例行事務、重覆性的任務委派出去——只要你有效運用你所贏來的時間。

你也會委派專業任務給具備執行這類任務技能和訣竅的人。你無法全都自己來，他人也無法期待你全知全能。你得清楚如何選擇並運用專業，你要清楚表明想從專家那裡得到什麼，並要求他們以可用的方式向你呈現。身為管理者，得清楚專家能為你做些什麼，並精通該項主題，以了解這些專家們的產出是否值得。

選擇由誰工作

理想上，你選定做這份工作的那個人，應具備讓你滿意地完成該份工作所需的知識、技能、動機與時間，但卻有很大可能得任用經驗、知識或技能都相對較不理想的那個人。在這種情況下，應該試著擇定擁有智能、天賦，以及最重要的一點——具有意願在協助與指導下學習如何工作的人。這就是人們如何進步的，無論你在何時開始分配工作，員工的發展都應是你看重的目標。

你正在尋找某個信得過的人，不想過度監督，那麼就得相信那個你所選定的人將會著手進行，並且具備當他陷入困境，或在犯下糟糕的錯誤之前應先向你請示的概念。

要如何知道誰才信得過？最好的方式，就是先藉著較小或不那麼重要的任務來測試，再逐漸提供更多的機會，好讓他們得知自己能夠做到什麼程度，同時你也能夠觀察他們如何進行。倘若他們進行順利，其責任感及判斷力也將隨之增加、改善，未來你也就能交付他們更費時費力、責任更加重大的任務。

分配工作

委派時，你應確保對方了解以下事項：

- 為何須完成這份工作；
- 外界期望他們做些什麼；
- 外界期望在幾月幾日前完成工作；
- 所擁有的決策權力；
- 必須回報的問題；
- 必須呈交的進度或結案報告；
- 你如何提議指導並監督他們；
- 為了完成工作所將具備的資源與協助。

人們可能需要他人指導應該如何執行工作。你須清楚解釋到什麼程度，將明顯取決於他們已經知道如何去執行這份工作到什麼程度。你不會想要費勁、詳細地給予指導，以致讓自己冒上扼殺自主決斷能力的風險。你只要確定他們會在不違反規定、超出預算、讓你難堪或者嚴重擾亂他人的情況下執行工作，那麼就讓他們放手去做。恪守英國管理顧問羅伯・海勒[1]（Robert Heller）的黃金法則：「要是你自己不能做，就去找個能做的人——然後讓他隨心所欲地去做。」

你能區分硬性委派及軟性委派

當你一五一十地告訴某人要做什麼、如何去做還有何時該有成果，這就是「硬性委派」（hard delegation）。你詳細說明，書面確認，並在日誌上註明你預期這份工作完成的日期，然後定期追蹤。

當你大致同意應該達到什麼，並讓個人開始進行，這就是「軟性委派」（soft delegation）。你仍應同意權限到哪、界定哪些應送交讓你決定、表達你想要怎樣的例外管理報告（見第十一章），並指出你將何時檢視進度、如何檢視。之後你便靜靜坐著，直到成果快要揭曉時從遠處觀察——只有在召開定期進度會議，或者當例外管理報告指出你須仔細調查某事，又或者人們轉呈問題或送交決策時再仔細觀察。

你應時時按照你所預期的結果分配工作。即便你不必一五一十地指出應該如何達到成果，但提出問題並詢問人們建議如何解決並不失為一個好點子。如此一來，你便有機會在一開始就提出指導；較後來的指導可能會被視為一種干擾。

指導與培養

委派不僅協助你完成工作，也能用以改善個人績效，因此你才會信任人們有能力執行責任更加重大的工作。指示、訓練及培養都是委派過程中的一部分。

監督績效

起初，你或許得要仔細監控個人的績效，但你能越快放鬆、越快在私底下觀看進度就越好。

你將會設定目標日期，而且應在日誌中寫上提醒，才能確保目標達成。別讓他人對於趕上目標日期變得漫不在乎。

你應在不令人感到壓迫下，確保需要時進度報告就會完成，並且及時討論偏離原先計畫的部分。你將會清楚地向個人指出，在毋須向你回報的情況下，其能夠行使權力到什麼程度。因此他們必須預期，倘有任何超出指示或者未能告知你的情況時，他們將會受到譴責。你不想有任何意外，所以對方必須了解你將不會忍受自己被蒙在鼓裡。

試著在確保工作順利完成的狀況下，控制自己不要過度干涉。畢竟結果才是最重要的。當然要是出了差錯，你就得介入干涉，但若你的下屬是納爾遜[2]（Horatio Nelson），那麼納爾遜戰術就行得通。只不過你麾下又有幾個納爾遜呢？你必須防止倉卒決定、過度支出還有忽視已經確立並且合理的限制與規則。

看似瑣碎的限制管理員工和允許他們去做想做的事，這兩者之間需要達到一種微妙的平衡。你得善用對員工和情勢的了解，以決定應該取得怎樣的平衡。那些全面了解員工的優劣與他們工作狀況的人，才是最佳的委託人。

此外，避免「隔岸觀火」。當上司給某人一件或多或少不可能達成的任務，就會發生這種情況。隨著員工已經每況愈下、屢試屢敗，上司卻只是在岸邊遙遠安全的位置觀望，並說著「這真的不難，你該做的就是再試一下」的風涼話。

一些成功委託人的想法

詹森出版社（Johnson Publishing Company）編輯暨發行人、至上人壽保險公司（Supreme Life Insurance Company）總裁及美國許多大型企業的董事約翰・詹森（John H Johnson）曾談及他的委派技能：「我想變得強大，然後更強大，我無法樣樣都靠自己達成，所以試著只去做那些無法讓別人去做的事。」美國前羅斯福總統（Franklin D Roosevelt）在要求助理找尋某些資訊時，就曾用上競爭時的狠招。其中一位助理描述經過如下：

他會叫你進來，要你弄清楚某些複雜的業務，結果你在含辛茹苦數日、交給他你好不容易從消息人士那裡獲得的訊息後，卻發現他對這些早就瞭若指掌，甚至還知道其它你所不知道的。通常他不會提及自己是從哪裡取得這些訊息，但他在這樣對待你一、兩次後，你對手上的資料就會變得超小心。

羅伯特・湯森（Robert Townsend）在擔任美國艾維斯汽車租賃公司（Avis）總裁兼主席時的委派方式，就是強調有必要「儘可能地將重要工作委派出去，因為那可以創造出能讓人成長的環境」。

一開始，超市連鎖店的店長就對他的部門經理們說：「我對雜貨業務一無所知，但夥伴們，你們清楚。從今天開始，你們要把自己的部門當作是自己的事業在經營。除了我，你們不會收到其他人的指令，而且我並不打算給你們指令，我打算要你們負起責任。」

法蘭克林・摩爾（Franklin Moore）針對委派提出強而有力的範例：瑞夫・柯丁納（Ralph Cordiner）擔任奇異公司總裁十年，有一次有位副總裁急著找他見面討論問題，這名副總裁解釋了他的問題，還有他認為自己擁有的選擇。「好了，柯丁納先生，」他說，「我該怎麼做？」「做？」柯丁納答道，「你最好給我搭機回辦公室做決定。你若無法決定，我們最好就找個會做決定的來。」

奧地利作家暨管理大師彼得・杜拉克[3]（Peter Drucker）在論及責任時，曾提到一篇越南叢林中年輕美國步兵長的新聞訪談。記者問道：「在這樣慌亂的情況下，你是如何管轄兵團，讓他們持續聽你號令？」步兵答道：

我是這方圓百里之內唯一負責的傢伙。要是這些人在叢林中遭逢敵人時不知所措，而我卻離得太遠，無法告訴他們該怎麼做。我的工作，就是確定他們清楚知道該怎麼做，而他們怎麼做，則是取決於只有他們自己才能判斷的情況。責任一直都在我身上，但是決定，則操之在現場的那個人身上──無論誰都一樣。

個案研究

一群研究管理者如何分配工作的研究人員發現到他們所研究的其中一家公司，正發生以下情形：

我們在訪談中發現到接受訪談的人們——也就是上司自己——通常不但性子很急，有時還會讓下屬不堪其擾。他交下範圍廣泛、簡要說明過的工作後，就期待下屬能夠清楚了解，還期待他們決定需要什麼訊息、自行取得訊息，然後開始執行工作。在重覆性任務的案例中，典型的上司會假定其下屬在試過幾次之後，就會自己明白何時需要執行工作。

上司自己常常連部門裡應該注重哪個議題都不確定。即便他很清楚最後必須達成什麼，但有關採取什麼方式，他通常比下屬還沒概念。因此，當工作正在進行中，然後上司在被問到有關工作的問題時，顯得模稜兩可甚至很不耐煩，這些都是很常見的。

一般來說，相較於正在進行中的工作，管理比較能夠果斷堅定地描述在工作完成後他究竟想要什麼。

某一名產品線主管在某次主管大會遭到其他主管輪流批評，並指出他未充分帶領組織發揮實力，結束後他旋即與下屬開會，並告訴他們：「我不打算再受一次屈辱。你們都是有領薪水的；我並不負責幫你們工作。我不知道你們是怎麼分配時間，也不打算知道。你們都很清楚自己的職責所在，而這些數字證明了你們並未善盡職責。要是下一份報告看不出明顯的改善，那麼這裡之後就要多出幾張新面孔了。」

注釋

1 Heller, R (1972) *The Naked Manager*, Barrie & Jenkins, London
2 譯注：英國著名海軍將領及軍事家，帶領英國贏得多次勝利，敢於突破傳統戰術原則，在戰爭中發揮獨創和主動精神。納爾遜戰術即指不全聽從長官命令，自行判斷形勢而行動。最著名戰役為在特拉法加戰役（Battle of Trafalgar）中擊潰法國和西班牙的聯合艦隊。
3 Drucker, P (1967) *The Effective Executive*, Heinemann, London

14 如何讓事情成真

讓事情成真、完成事情、取得成果——管理就是這麼回事。

人們說管理者分成三種：讓事情成真的、看著事情發生的，還有完全不知情的。在找出如何讓自己成為第一種人之前，你要先回答以下三個問題：

1 「完成事情」只是個性使然嗎？諸如驅策力、決斷力、領導力、野心等特質，哪些是有些人有，但其他人沒有的？

2 你若尚未取得所需的驅策力、決斷力等，那麼你能怎麼做？

3 讓事情成真的能力，有多少程度其實只是「運用學得會、培養得出來的技能」而已？

個性很重要。除非你擁有意志力和驅策力，否則沒有事情能夠完成。不過切記，你的個性是先天和後天交互作用後的結果。你與生俱來某些特質，而教養、教育、訓練，還有最重要的——經驗，培養出現在的你。

我們或許無法改變個性——根據心理學家佛洛伊德（Freud）所說，個性在我們出生幾年後便形塑而成。但我們能夠透過有意學習個人經驗、觀察並分析他人的行為，來培養並調整個性。

諸如計劃、組織、委派、溝通、激勵及控制等取得結果的技能，都是學得來的，本書亦有所探討。但這些技能，只有在有效之人的使用下，才會有效。人們必須透過正確的方式、在正確的場合下應用這些技能，但你仍得運用你的經驗，去選擇正確的技能與個性，才能讓這些行得通。

因此，為了成為讓事情成真的人，你得藉著了解、觀察、分析與學習的過程，培養出技能與能力。你應採取以下四大行動：

- 了解成就者的行事表現：他們在完成事情時所顯現的個性特徵；
- 觀察成就者做些什麼：他們如何執行、運用什麼技能；
- 分析你的個人行為（行為，而非個性），並與成就者相比，思考如何改善你的效能；
- 儘可能地學習身邊可取得的管理技能。

成功者的行事表現為何？

美國哈佛大學心理學教授大衛・麥克利蘭[1]教授曾廣泛研究「是什麼事物驅動管理者」。其訪談、觀察並分析許多工作場所中的管理者，並明確指出三大需求，深信這些是驅動管理者的關鍵要素：

1 成就需求；

2 權力需求（控制並影響人們）；

3 歸屬需求（被他人接受）

所有有效的管理者在某種程度上都具備這些需求，但截至目前為止，成就需求是最重要的。

成就非常重要，而且根據麥克利蘭教授，成功者具備以下特徵：

- 藉由內建的「延展力」（stretch），為自己設定務實但可達到的目標。
- 偏好自己所能影響的狀況，而非深受機率所影響的狀況。
- 比較關心知道自己表現好不好，而非關心成功所帶來的回報。
- 可以從成就，而非從金錢或讚美獲得回報。這並不意味著高度成就者拒絕金錢，事實上，只要金錢被視為一種務實的績效衡量方式，它確實就會為成就者帶來鼓勵。

- 在被允許仰仗自己的努力獲得成功的情況下，高度成就者最能發揮實力。

成功人士都怎麼做？

成功人士會有以下特徵（即便不是全部）：

- 確切地自我界定想做什麼。
- 設定艱鉅但可達到的執行時程。
- 能夠清楚表達想要完成什麼，還有在何時之前完成。
- 準備好討論事情該怎麼做，而且將會聆聽、採納建議。但行動過程一旦獲得同意，除非發生了突發事件、點出行動方向需要調整，否則他們都會繼續忠於這個行動。
- 一心一意想要達到目標，在面對逆境時展現出堅毅及決心。
- 非常要求自我表現，且或多或少冷酷無情地期待他人和自己有相同表現。

- 努力工作，在壓力下表現良好；實際上，壓力激發出他們最好的自己。
- 往往不滿足於現狀。
- 從未完全滿意自己的表現，並且持續質問自己。
- 在衡量過後才會冒險。
- 在不致自我潰敗的情況下擺脫障礙，並且迅速凝聚力量、重拾想法。
- 對工作充滿熱忱，也向他人傳達這份熱忱。
- 就某種意義上果斷明快，以致能夠快速歸納情勢、界定替代的行動方案、決定偏好的方案，並向下屬傳達該做什麼。
- 持續監督自己和下屬的績效，如此一來，就能及時矯正任何偏差。

如何分析你的個人行為

除非你擁有能夠衡量自我績效的標準，不然試圖分析自己的行為不是件好事。你得為自己設定標準，而你若沒達到標準，問問自己為什麼，答案就會告訴你下次該怎麼做。

你應問問自己的基本問題如下：

1 我原本打算著手進行什麼？
2 我做到了嗎？
3 假如做到了，我為何會成功，還有我是如何成功的？
4 假如沒做到，原因為何？

這樣做的目的在於更加有效地運用你的經驗。

利用高度成就者都做些什麼的清單，確認你自己的行為與行動。倘若你的績效並未達到任一標題下的要求，那麼明確地問問自己是哪邊出了狀況，並決定下次打算如何克服這個難關。這往往並不容易。舉例而言，要自我坦承自己一向都不夠有熱忱，這很困難；要決定如何因應，這甚至更難。你不會想要無差別的讓所有的人都感到熱忱，但你能仔細思考是否有更好的方法，向他人展現、傳達你的熱忱，好讓他們一路與你同行。

學習

你應知曉的管理技巧和技能有很多，本書中的其它章節會再探討這些技能。

你該特別感興趣的技能有：

- 溝通；
- 控制；
- 協調；
- 決策；
- 委派；
- 領導；
- 激勵；
- 計劃與優先排序；
- 專案管理。

結論

觀察、分析與學習的過程將會助你成為一名成就者。但是切記，達到成果最終是在於對他人和自己作出承諾，並且遵守承諾。羅伯特・湯森[2]在其《提升組織力》（*Up the Organization*）一書中提出了一些絕佳的建議：「信守承諾。若你被詢及能在何時履行某事，請要求思考的時間。打造安全的界線，給出日期，然後提前履行你的承諾。」

注釋

1 McClelland, D (1975) *Power: The inner experience*, Irvington, New York

2 Townsend, R (1970) *Up the Organization*, Michael Joseph, London

15 如何管理你的上司

你若想取得成果、創新並持續進行，那麼就得學習如何管理你的上司（又稱向上管理）。「管理」（manage）這詞在《牛津英文字典》（*Oxford English Dictionary*）中的定義如下：

- 處理事務；
- 控制；使順從某人的原則；
- 透過計謀、奉承或帶有動機的合理建議，讓意願得到（他人的）認同；
- 運作、刻意操控；
- 運用計謀讓事情發生；
- 成功完成某事；
- 謹慎應對或處理。

雖然正常來說，「管理」並不包括計謀、奉承及操控這類的概念，但這些定義為向上管理的不同層面提供了線索。

倘若你真的相信某事必須執行，而且無法在尚未取得上司的同意就貿然進行，那麼你就得想出之後要如何和他／她交涉。這值得仔細、持續的思考，一不小心會容易忽略管理藝術的基本了。

為了管理你的上司，你得清楚如何：

1 針對你想做的事，取得他／她的同意；

2 和他／她處理問題；

3 讓他／她印象深刻，那麼就比較可能接受你的提案，並對你投以信任。

取得同意

就許多方面來說，取得上司的同意，就像取得他人的同意。你得擅長案例簡報還有說服他人。更準確地說，你得擅長：

- 找出他們期待什麼。

- 得知他們的好惡、怪癖與偏見。
- 確定他們喜歡事情如何呈現。他們喜歡字字雕琢、細心產出的長篇書面報告？還是偏好一張單面的簡要提案？也許下屬逐步向他們介紹提案——這在一定程度上是種軟化的過程——他們會比較可能受到說服。在直接跳進水裡之前，我們常會建議先試試水溫。有些人偏愛一開始先繞著問題轉，之後才開始認真注意引發問題的基本要素。他們不喜歡意外。
- 透過觀察或詢問他人，先了解清楚他們喜歡事情如何完成。倘若事情出了差錯，選一個適當的時間點詢問他們的建議，看看下次如何做得更好（多數人都喜歡被詢及建議）。
- 找出適當的時間去找他們商量。有些人是一開始就處於最佳狀態，有些人則是需要時間熱身。顯然地，最好避免在漫長、辛苦地工作一整天後，還做出讓人大吃一驚的舉動。提前確認他們的心情。上司的個人助理會有所幫助，讓他們和你同一陣線是值得的。個人助理可以是你的朋友，也可能成為你的敵人。
- 設法找出與他們交涉的最佳場合：兩人單獨在辦公室、共進午餐，或者在公路高速行駛時（找到一個不得不聽的場合好處很多）。遠離辦公室也會有個好處：不會被人打斷，你的上司比較不可能找來「幫兇」，所以你也就不必同時說服兩個人（每次都從兩人當中剔除一人，這樣較可能成功）。留意愛說不的討厭傢伙，大多數的組織內至少都會有一個這樣的人，而且通常是財務部門的主管。他們扮演著很有用的角色，這點無庸置疑，但若可以的話，離他們遠一點。

- 決定你是否需要支援。在一對一的情況下，你也許能處理得比較好。自食其力的好處很多。
- 你在一開始若無法按照自己的方式行事，別公開對抗上司。先就上司有可能同意的點取得同意，再轉向問題本身。藉著凸顯你想要你們兩人關照到所有可能的面向，讓你的上司留下深刻印象。強調共同的責任。
- 讓對方有台階下：提供一個開放的、能讓他們同意、並讓他們有台階下的機會。別讓他們當面難堪——你或許贏了這次，但是下次呢？
- 別用你的想法淹沒他們。別冀望一次就達成所有的事。一次處理一件重要的事，把事情簡單化。倘若你遇到激烈的反對聲浪，別死抓著不放。你要存活下來，好為他日再戰。這並不意味著你不該強烈地主張自己的案例，而是應該避免帶給他人冥頑不靈的印象。

- 若毫無進展，就保留替代提案或原先構想的修正方案。
- 你的上司若想出了一個比你更好的點子，就認可並接受它。人人都喜歡被認可，但沒有必要逢迎諂媚。你只是在用自己想要他們回應你的方式，來回應他們。
- 你若無法在第一次就說服你的上司，那麼記住誰才是上司——上司會作出最後的決定。倘若他們說「就這麼辦」，你或許就得接受，而且你上司最後可能會對你說：「我們是兩匹賽馬，只有一匹能夠勝出，然後那一匹將會是我。」但你不必完全放棄。留意你的上司任何可能準備改變心意的跡象——過段時間再提，同時也已酌修你的論點或提案的內容。
- 別嘮叨不休。你若逼得太緊，他們將會變得固執，並開始認為你在挑戰他們的權威與地位。有條不紊地退下，再伺機展開行動。

處理問題

出差錯了。你犯了錯，需要上司幫忙解決問題，而你要如何與他／她交涉呢？你應該採取以下方法：

- 告知上司。別讓他們大吃一驚，提前讓他們對壞消息作好準備。若麻煩不是單個來的，而是成群結隊的，別讓他們一次接收到全部壞消息。儘可能地緩和他們失望的程度。別未加修飾地使用「先報喜後報憂」的說辭，但也別表現的太悲觀，要給他們希望。
- 若出了差錯，解釋發生什麼事、為何會發生（沒有藉口），還有你想要如何應對。別一副「接不接受隨你」的心態，把問題全推到他們身上。
- 強調你正尋求他們對你提案的見解與同意。
- 若你認為是上司的錯，千萬別說「早就告訴過你」。你若這麼做，將會樹立起終生的敵人。
- 若你承認責任在你，試著別讓你上司繼續數落你。把他／她從反控斥責導向你能一起做些什麼來解決問題的正面態度。

讓上司印象深刻

你身為管理者的目的，並不僅止於要讓上司印象深刻，也不是要讓他們喜歡你，但你若讓他們印象深刻，你將會完成更多、做得更好。況且，在你能和上司當朋友的時候，你為何要把他／她變成敵人呢？

你的上司必須信任你、仰賴你，並相信你能想出好點子、讓事情成真。他／她並不想要無微不至地照料你、花時間糾正你或者替你掩飾。

為了不要太刻意——太過汲汲營營會帶來致命的影響——就成功地讓上司印象深刻，你應該：

- 總是開誠布公、承認錯誤、決不說謊，甚至隱瞞真相。如果你上司有那麼一丁點懷疑你並未完全坦誠，那他將來就不會再信任你了。
- 旨在協助上司做準確的判斷。這並不意味著低聲下氣或者隨波逐流，但要認清你之所以存在，是為了支持他／她往正確的方向去。
- 基於能做／會做什麼迅速回應請求。
- 非必要時，別拿自己的問題麻煩他。

- 在必要時保護他／她。忠誠是一種老派的美德，而你就是該對上司忠誠。你若無法忠誠，那麼就該盡早走人。

完整的幕僚作業

總是提供上司軍隊中所謂的「完整幕僚作業」（completed staff work）。這意味著你一旦被要求去做某事，就得徹頭徹尾完成某事。想出解答，而非問題。如果你想，可用草稿驗證自己的想法，但在這麼做的同時，搭配任何輔助論點或者所需的證明，來呈現出一份完整的提案。避免不完善的建議。上司想要的是答案，而非問題。當你已經完成報告、研究過結論與建議，那麼問問自己：「我要是上司，我會拿這份作品賭上我的名譽，並且寫上我的名字嗎？」倘若答案是「不」，那麼撕掉你的報告，再做一遍，因為你沒有盡到員工的全部責任。

16 如何管理變化

變化是組織中唯一不變的過程。一個有效的組織會採取審慎的措施、平穩地管理變化。組織不會總是成功——改變可能會是讓人痛苦難忘的過程——但至少組織會嘗試改變，而試圖管理變化的最低目標，就是要減輕變化對組織及其員工所造成的影響。

管理變化的方法將識別出成功的關鍵，不僅在於受到強大變化機制所支持的變化型領導者，同時也在於了解推動變化的是人們、他們的行為與支持才是最重要的。管理變化最重要的目標，在於取得大家對變化的投入。

為了成功地管理變化，你必須了解：

- 變化的主要種類；
- 變化如何影響個人；

- 變化的過程；
- 如何增進大家對變化的投入。

變化的種類

變化主要有兩種：策略變化與營運變化。

策略變化

策略變化和廣泛、長期與遍及組織的議題有關。這關乎於組織未來會朝向哪種狀態邁進，而且組織已就策略願景與範圍，普遍對這種狀態做出定義。這也將涵蓋組織的宗旨與任務、公司對於成長、品質、創新、員工價值、服務客戶需求以及運用技能等方面的哲學。這全面化的定義引導出為了達到、維持競爭優勢並發展產品市場，競爭性定位與策略性目標的規格，而行銷、業務、製造、生產與製程開發、財務與人資管理等政策則會輔助達成這些目標。

在外部競爭、社經環境、組織內部資源、能力、文化、結構與系統的背景下，才會發生策略變化。你必須在制定、規劃步驟時，徹底地分析這些要素並充分了解，才能成功地推動策略變化。

營運變化

營運變化與新系統、程序、結構或技術有關，而這些將對組織中部分的工作安排產生立即的影響。但相較於更廣泛的策略性變化，這類的變化對人們產生的衝擊可能更加巨大，我們同樣必須審慎以對。

人們如何變化

參考美國社會認知心理學家亞伯特・班度拉[1]（Albert Bandura）所設立的假設最能夠解釋人們變化的方式：人們是在有意識的情況下選擇自己的行為，同時用以作出選擇的訊息是來自本身所處的環境。他們的選擇是根據：

- 對自身重要的事；
- 他們對於自己能夠表現出特定行為的看法；

- 無論決定呈現出怎樣的行為，他們認為將會藉此產生的結果。

這就意味著：

1 一種特定行為和一種特定結果的連結越是緊密，我們將來就越可能呈現出那種行為。

2 我們越是渴望某種結果，我們將來就越可能呈現出我們深信將會促成那種結果的行為。

3 我們對實際上能採取新的行為越有自信，我們就越可能進行嘗試。

因此，為了改變人們的行為，首先我們得要改變他們工作的環境；第二，讓他們相信，新的行為是他們所能辦得到的事（訓練很重要）；第三，說服他們，這將促成他們珍視的結果。這幾個步驟都不容易。為了達成這些步驟，更進一步了解變化的過程是有幫助的。

變化的過程

如羅莎貝・摩絲・肯特[2]所言，變化是一種分析「為了未來，由過去誘發現在行為」的過程。這涉及了從現在的狀態，經過過渡期的狀態，再進入到未來想望的狀態。

這個過程會先從「意識到需要改變」開始。對現狀的分析，還有造就現狀的要素，都會促使人們診斷出某種情況的特殊特徵，同時指出人們必須採取行動的方向，之後才會識別、評估一連串可能的行動過程，再選擇偏好哪種行動。

於是，人們才有必要決定如何從這樣變成那樣。管理過渡狀態中的變化過程是變化過程中最至關重大的一環，在這之中會出現「引入變化」的問題，可能包括抗拒變化、不穩定、高壓、精力用錯方向、衝突及喪失動力等，而我們必須設法解決。因此，我們有必要盡一切可能去預測人們的反應，以及引入變化所可能遭到的阻礙。

建構的階段也可能十分痛苦。在規劃變化時，人們往往認為這會是從A到B這種完全符合邏輯的線性過程。但這可完全不是這麼回事。如英國牛津商學院教授安德魯・佩蒂格魯（Andrew Pettigrew）及英國卡爾地夫大學已故管理學教授理查・惠普[3]（Richard Whipp）在所合著《成功管理變化》（*Managing Change for Competitive Success*）一書中所說的，推動變化是一種「反覆、累積並運用重組的過程」。

管理變化的方法

哈佛商學院企管講座名譽教授麥可・比爾（Michael Beer）與其同事在《哈佛商業評論》（*Harvard Business Review*）〈為何改變計畫無法帶來變化〉[4]（*Why change programs don't produce change*）這篇影響深遠的文章中指出，大多數這類管理變化的方案都追隨著一種基本上有所瑕疵的變化理論。該理論說明態度的變化，就會促成行為的變化。「根據這個模型，變化就像一種宗教上的皈依。一旦人們『開始信教』，行為鐵定就會有所改變、跟著變化。」

他們認為這個理論讓變化的過程完全走上回頭路：

事實上，人們在組織中所扮演的角色會強而有力地塑造出個人的行為。因此，改變行為最有效的方式，就是把人們置入一個嶄新的組織環境，在他們身上加諸新的角色、責任與關係。在某種程度上，這創造出一種將新的態度與行為「強加在」人們身上的情境。

他們為有效變化訂出了六大步驟，其中的有效變化著重在其所謂的「任務排列」（task alignment），亦即重組員工的角色、責任與關係，以在能夠明確定義目標與任務的小單位中，解決特定的業務問題。

遵循這些重疊的步驟，旨在建立起一種自我強化「投入」、「協調」及「能力」的循環。

這六大步驟如下：

1 藉由共同分析問題，動員投入追求變化；

2 針對如何組織並設法達到「競爭性」等目標，發展出共同的願景；

3 針對新願景、制定新願景的能力，以及推動新願景的凝聚力培養共識；

4 在不由上往下施壓的情況下，向所有部門推廣振興方案——別強迫他們作出某種決定，讓每個部門找到通往新組織的道路；

5 透過正式政策、系統與結構使振興方案制度化；

6 監控並調整策略，以因應振興過程中的問題。

麥可・比爾與其同事所建議的方法，對於有效管理變化來說是非常基本的。然而，這可能和以下所列出的許多其它守則有關。

美國奇異公司已經得出有關如何促進變化的守則。這些守則是要確保：

- 員工了解需要變化的理由；
- 員工清楚為何變化非常重要，並且了解不論長期或短期，這都將對他們及業務帶來幫助；
- 認可那些需要致力於變化，並使其成真的人；
- 構建起支持變化的聯盟；
- 已經爭取到組織中關鍵人物的支持；
- 人們清楚變化與徵才、訓練、評估、報酬、結構與溝通等其它人資系統之間的連結；
- 人們認同變化的系統性影響；

- 確立衡量「變化成功與否」的方法；
- 推動變化時，制定計畫監督進度；
- 人們認同展開變化的首要步驟；
- 制定計畫，持續關注變化；
- 人們認同可能需要隨著時間適應變化；為了適應，可預先制定計畫並加以實施。

變化管理守則

- 達成永續性的變化需要熱烈的投入，以及高層前瞻性的領導力。
- 「了解」對組織文化是必要的，這麼一來，推動變化的手段才最可能變得有效。
- 管理各大層面變化的人，都應具備合於組織條件及其變化策略的性情與領導技巧。
- 建立起一個有助於變化的工作環境非常重要。這意味著把公司培養成一個

「學習的組織」（learning organization）。

- 即便我們擁有整體的變化策略，但處理變化時最好按部就班、循序漸進（危機狀況除外）。變化方案應細分為人們能夠負責且加以行動的部分。
- 報酬系統應該鼓勵創新，並認同人們成功取得變化。
- 變化意味著一連串橫跨時間的活動，且「也許需要忍受無效的努力，或建立起緩慢漸進的調整步驟，才能在日後迸發出增值行動。」——佩蒂格魯及惠普[4]。
- 變化總會涉及失敗與成功。人們必須預期失敗並從中學習。
- 有關需要變化的真憑實據及數據，是為了達到變化最強而有力的工具，但證實我們對變化的需要，要比決定如何滿足這種需要來得容易。
- 藉由改變過程、結構與系統來改變行為，要比改變態度或者公司文化來得容易。
- 組織內總會有人樂於迎接變化所能提供的挑戰及機會。他們就是代理變化的最佳人選。
- 倘若相關的個人感到自己即將變糟——不論是清楚明確或是含蓄不明——

他們就免不了會抗拒變化。無效的變化管理將會帶來這種反應。

- 在全球競爭、技術創新、動盪、中斷，甚至混亂的時代下，變化是無可避免而且必要的。組織必須盡其所能地解釋為何變化很重要，還有它將如何影響每一個人。再者，人們皆得努力保障那些受到變化影響之人的權益。

使人們投入變化

這些守則全都指出：在已經決定「變化為何必要」、「變化的目標為何」以及「如何達到變化」的同時，最重要的任務就是讓所有相關人士都能投入所提出的變化。

使人們投入變化的策略，應涵蓋以下三個階段：

1 **準備：**在這階段，人們要接觸並聯繫有可能受到所提變化之影響的個人或人群，好讓他們知情。

2 **接受：**第二階段，人們提供有關「變化的目的」、「如何提出變化並執行」、「變化將對相關人士帶來什麼影響」等訊息。這樣做的目的，旨在讓人們了解變化的意義，並取得正面回應。這種情況較可能發生，倘若：

- 人們認知到變化和組織的使命、價值是前後一致的；
- 人們並不認為變化具有脅迫性；
- 變化似乎可能符合那些相關人士的需求；
- 變化具備了令人信服的理由，且得到人們充分的理解；
- 人們會支持自己所協助創造的事物。基於這個原則，讓相關人士參與規劃並執行變化方案；
- 大家都知道要採取一些行動，以緩和任何變化所帶來的不利影響。

要達到這些條件或許很難，甚至不太可能，所以這也就是為何我們不該低估要使人們投入變化的這個問題。

在此一階段，我們可以留意人們呈現出正面反應或負面反應到什麼程度，並據此採取行動。也就是在這個階段，我們才可能需要修正原本的計畫，以顧及人們合理的疑慮或進一步的考量。

3 **投入**：在這第三階段，變化已經開始執行且加以推動。我們必須監督變化的過程及人們對它的反應，而且難免會遇到延遲、挫折、無法預知的問題，還有來自那些實際面對變化之人的負面反應。回應這些反應非常重要，如此一來，我們才能依據有效的批評採取行動，或者提出為何應該如期進行變化的理由。

在推動變化之後，我們的目標在於使人們接納變化，因為隨著不斷地變化，變化的價值變得更顯而易見。我們就是在這個階段決定是否持續變化、修正變化，甚至中止變化——我們必須再次考量那些相關人士的意見。

最後，在依要求予以進一步修正後，變化已然制度化，並成為組織文化及組織營運中固有的一部分。

注釋

1 Bandura, A (1986) *Social Boundaries of Thought and Action*, Prentice-Hall, Englewood Cliffs, NJ

2 Kanter, R M (1984) *The Change Masters*, Allen & Unwin, London

3 Pettigrew, A and Whipp, R (1991) *Managing Change for Competitive Success*, Blackwell, Oxford

4 Beer, M, Eisenstat. R and Specter, B (1990) Why change programs don't produce change, *Harvard Business Review*, November-December

17 如何管理衝突

由於團體及個人的目標、價值與需求不總是一致，因此組織中發生衝突在所難免。衝突或許是一種組織健全的象徵。事事同意不但反常，還會讓人失去幹勁。組織內對任務、專案應會有想法上的衝突，而且反對意見不應受到箝制。這些反對意見應予公開，因為那才是確保人們探索問題並解決衝突的唯一方法。

有種東西稱作創意衝突，也就是透過再次共同檢視不同的觀點，能夠激盪出嶄新或修正的想法、見解、方法與解決之道，前提是，這樣的檢視方式是以客觀、理性地交換資訊及想法為基礎。但當衝突是基於個性不合，或被視為一種不合時宜且應快速清理的爛攤子，而非一個需要逐步解決的問題，那麼就會變得適得其反。

解決衝突可能跟團體間或個人間的衝突有關。

處理團體內的衝突

解決團體內的衝突有三大基本方法：和平共存、妥協與問題解決。

和平共存

這裡的目標，是要撫平差異並強調彼此的共通點。人們是受到鼓勵，才學著共同生活；然後個人會在團體間自由移動（比如說，總部與現場之間，或者銷售與生產之間），產生大量的資訊、接觸與意見交換。

這是種令人感到開心的理想，但在許多狀況下或許並不可行。有不少證據顯示，把人們全都找來未必能夠解決衝突。而向團體簡報等這類改善過的溝通與技能或許會是不錯的點子，但若管理階層所說的並不是人們想聽的，那麼以上方式也沒有用。其中也會有在表面友好的氛圍下暫時隱沒的真正問題，卻在日後浮出檯面的危機。

妥協

透過談判或交易來解決問題，沒有誰贏或者誰輸。妥協的概念基本上是很悲觀的。這種方式的特點，在於沒有「正確」或「最佳」的答案。人們所達成的協議僅是接納彼此的差異，真正的問題不可能獲得解決。

問題解決

應試圖找到真正解決問題的方法，而非僅是接納不同的意見。「創意衝突」便是在此出現明顯的矛盾。善用衝突的狀況，有利於創造出更好的解決方法。

倘若透過解決問題才能得出解決方法，那麼就得由那些彼此對找出解決方法負有責任的人來想出這些方法。行動順序是：

第一，相關人士努力界定問題，並同意在解決問題時所要達成的目標；

第二，這群人想出替代的解決方案，並對其優點進行辯論；

第三，大家針對偏好哪個行動方案以及應該如何執行達成協議。

處理個人間的衝突

處理人際間的衝突甚至可能會比解決團體間的衝突更加困難。無論前者是顯然充滿敵意，還是隱蔽不易察覺，它都可能涉及強烈的個人感受。但正如前哈佛商學院教授詹姆斯・威爾（James Ware）及該校已故教授路易斯・巴恩[1]（Louis Barnes）所說：

為了成功管理，能夠有效處理這類的衝突至關重大。當組織風險似乎很高的時候，通常最能突顯出人與人之間的差異，幾乎所有組織都涵蓋了這種會引爆成重大衝突的小問題。管理者的問題，是建立在人們擁有不同意見，卻又不致讓它們危害整體的績效、滿意度及成長上。

威爾及巴恩接著表示：人際衝突有如團體間的衝突，是一種既不好也不壞的組織狀況，可能是毀滅性的，但也可能富有成效。「當潛在的衝突受到人為壓抑，或者逐漸增強到超乎敵方或第三中介者所能掌控的程度，通常問題就來了。」

至於人際衝突的反應，可能是一方先退一步，讓另外一方能夠守住陣地，這就是典型非贏即輸的情境。問題的確已經強制獲得解決，但若這個解決方法呈現出某人的觀點忽視了其他人相反的論點，事實上還強勢壓倒這些論點、將其置之度外，那麼這或許就不是最佳的解決方法。贏家可能會洋洋得意，但輸家將會滿腹委屈，然後不是失去動力，就是決心改天再反擊。衝突是暫時平息了，但卻永無止盡。

另一種方式是撫平差異，並佯裝衝突並不存在，而且不採取任何措施去解決根本原因。同樣地，這也是一種並不讓人十分滿意的方法。問題很可能再次出現，抗爭也將會重新啟動。

還有一種方法，那就是進行交易、達成妥協。

這意味著雙方都準備好贏一點、輸一點，並旨在取得一個雙方都能接受的解決方法。然而，交易涉及了各種深具謀略卻又常常適得其反的花招，相較於取得穩當的解決方法，各方常常比較急於尋求大家都能接受的妥協方式。

威爾及巴恩指出了其它兩種管理人際衝突的方法：控制衝突，以及有建設性的對抗。

控制衝突

控制衝突可能涉及避免互動、建構互動形式，或者降低、改變外在的壓力。

- **避免互動：**是種情緒高漲時使用的策略，藉由分開衝突中的各方，即便差異依舊存在也期盼相關人士有時間冷靜並思考更建設性的方法，以控制衝突。但這或許僅是權宜之計，最終的衝突甚至可能更具爆發性。
- **建構互動形式：**則是當我們不可能將各方分開時，能夠運用的策略。在這種情況下，我們可以發展出基本原則，來因應有關溝通訊息或處理特定問題等這類行為的衝突。然而，倘若人們潛在的強烈感受僅是受到壓抑，而非獲得解決，那這或許也只是暫時性的策略而已。
- **個人諮詢：**是一種並不處理衝突本身，而著重在這兩人如何反應的方法。這給予人們機會釋放沉積已久的緊張情緒，並可能促進他們去思考解決衝突的新方法。但它並未處理衝突的本質，也就是兩人之間的關係。

因此，建設性的對抗便成了長期解決衝突問題最大的希望。

建設性的對抗

建設性的對抗是把衝突中的個人都找來，並有第三方理想的扮演著「協助營造出探索、合作氛圍」的功能。

建設性的對抗旨在讓當事人了解並探索彼此的認知及感受。這是一種培養相互理解，以創造出雙贏局面的過程。當事人將在第三方的協助下，根據合併分析相關狀況的事實和有關人士的實際行為，而正視問題。他們將會表達自己的感受，但我們也將參考特定的事件和行為，而非推論或臆測其動機，來分析他們的感受。

在這過程中，第三方扮演著關鍵的角色，而且這並不容易。他們必須針對討論的基本原則取得大家的共識，而且這些討論，旨在揭露事實並把敵對的行為降到最低。他們還得監督當事人表達負面感受的方式，並鼓勵他們針對問題、問題的單一成因或多重成因做出新的定義，同時產生想要取得共通解決方法的新動機。第三方在主張的過程中，必須避免想要支持，或者看似支持任何一方，應該採取以下的諮詢方式：

- 主動聆聽；

- 觀察並傾聽；
- 藉著提出中肯、不設限的疑問，幫助人們了解、定義問題；
- 感同身受，並允許人們表達感受；
- 幫助人們為自己定義問題；
- 鼓勵人們探索替代的解決方案；
- 讓人們發展自己的執行計畫，但被詢問時會提供建議與協助。

結論

如前所述，我們毋須對衝突本身感到遺憾；這是一種免不了伴隨著進步和變化而來的產物。無法有建設性的利用衝突才令人感到遺憾。有效的解決問題和建設性的對抗雙雙解決了衝突，並開闢了討論及合作的管道。

多年前，美國管理學先驅作家瑪麗・帕克・傅麗德[2]（Mary Parker Follett）曾經論及管理衝突，其當時的內容，至今同樣教人信服：「我們倘若藉由整合，而非藉由支配或妥協消弭差異，那麼就能利用差異促成共同的目標。」

注釋

1 Ware, J and Barnes, L (1991) Managing interpersonal conflict, in *Managing People and Organizations*, ed J Gabarro, Harvard Business School Publications, Boston, MA

2 Follett, M P (1924) *Creative Experience*, Longmans Green, New York

18 如何管理危機

何謂危機管理？

「危機管理」（crisis management）這個詞是由美國前國防部長麥納瑪拉（Robert McNamara）在古巴飛彈危機時所發明，當時他說：「不會再有戰略這回事，而只會有危機管理。」

任何組織在事件的壓力上——外部或內部——迫使管理階層作出緊急的決定時，都會發生危機管理的情況。這些之所以發生，是因為危機是個轉捩點，又或者說，是種危險和提心吊膽的時刻，然後在如今這個動盪的時代下，轉捩點和危險的時刻一向與我們同在。

危機管理的定義如下：

藉著計劃、組織、指導、控制許多相互關聯的運作方式，並指引那些「負責在組織面對急難問題時，迅速卻不倉促解決問題的人」做出決策，以處理高壓狀況的過程。

危機的成因

人類的行為或者諸如火災、水災、地震等天災都會造成危機。倘若人們是危機的根源，那麼他們或許會刻意從外部使組織遭受危害，或者——一樣從外部——採取間接引發重大問題的行動。就內部而言，企圖施行個人見解的人們可能刻意造成危機，一些嚴重的誤判可能意外帶來危機，又或者組織長久以來錯綜複雜的缺失也可能釀成危機。

然而，危機或許不僅是事前能夠預期的突發、意外事件。一如麥納瑪拉那樣捨棄策略不用也許太過誇張，但蘇格蘭高地詩人羅伯特・伯恩斯（Robert Burns）在吟動物詩〈寫給小鼠〉（*To a Mouse*）中的確曾經寫道：「人也罷，鼠也罷，最如意的安排也不免常出意外。」用以比喻最周詳的計畫也會出錯。而今天的情況與他在十八世紀寫下這段詩句時並無二致。

理想世界中是不會發生危機的。你會清楚自己想往哪裡去，然後只會略微偏離主要道路，最終還是會到達；你還會預見問題，並制定問題的應變計畫。沒錯，真實生活中就不是這樣了。莫非定律總是準備好再次襲來——凡事若有可能出錯，就一定會出錯。

管理危機

管理時，各式各樣的危機都可能發生：公開收購、外匯匯率崩盤、藥物帶有糟糕的副作用、市場上突然出現強而有力的競爭產品然後連原本的市場龍頭都不是它的對手、讓產品變得過時的創新、突如其來的打擊、不誠實而讓公司登上頭條的資深經理、火災或水災、管理團隊的主要成員跳槽到對手的公司等等，不勝枚舉。

對於婚姻，俄國大文豪托爾斯泰（Tolstoy）曾言道：「所有快樂的家庭都很相像，但每個不快樂的家庭，不快樂的方式都各有不同。」危機也適用這套說法。每個危機都是獨特的單一事件，必須加以因應，然而，有在所有重大場合中都能適用的特定行為模式、在涉及談判或衝突的危機中若干能夠遵循的基本原則，也有許多只要酌予修正、符合特定情況就能普遍適用的危機管理技能。

危機管理技能

當有潛在危機時，最重要的事就是掌握當下的最新狀況，如此一來只要情勢一變，你就能先發制人、採取行動。在這個階段，你有時間思考、斟酌考量應變計畫，並且付諸實行。

然而倘若你再怎麼努力，就是會面臨危機，那麼你可以採取以下十種方法：

1 儘可能按兵不動，然後評估狀況。你或許得用上和平常一樣快的速度，來歷經五次分析與思考的過程，但就去做吧，你必須確認：

- 究竟發生什麼事；
- 為何發生；
- 除非我們有所因應，否則可能還會發生什麼事；

- 必須多快回應，才能防止進一步的損失；
- 還有誰涉入；
- 誰有可能涉入；
- 握有什麼資源：人力、設備、資金、其它組織的支援、有影響力的人。

2 草擬初步的行動計畫：一步步羅列出來，並準備其它應變計畫，以處理突發事件。

3 組成危機管理團隊，以因應局勢。分配角色、任務及得以行使的權限（你或許得授予一些人緊急應變的權限）。

4 設立危機管理中心（你的辦公室、董事會議室）。

5 建立溝通體制，如此一來，你就能收到即時情報，並能向團隊成員及任何你希望對方採取行動的人清楚傳達你的訊息。

6 當你還可以負荷時，開始「卸載」雜事。就像根據電力系統原則，當整體電力負荷達到某個程度時會做的事一樣。意即盡快擺脫任何周邊問題。

7 把項目「暫擱一旁」；換言之，把問題降到非危機等級，能待有空時再處理。

8 準備好詳盡的計畫，其中包括：

- 排定時程：當下或稍後行動；
- 冷靜的期間；
- 較為長期，且準備好在對的時刻予以執行的解決方法；
- 處理最新發展或緊急事件的應變計畫；

9 持續監控確切的現況。確保你迅速取得所需的資訊，如此一來，你就能快速反應，毋須驚慌。

10 持續評估行動與反應，如此一來，你就能修正計畫，並旋即採取矯正或先發制人的措施。

危機管理者的特質

好的危機管理者英明果斷，可以迅速反應，但他們的絕技在於能夠加速決策的過程。他們絕不會弄錯以下解決問題及制定決策的十個標準次序：

1 定義狀況；

2 指定目標；
3 發展假設；
4 蒐集事實；
5 分析事實；
6 考量可能的行動方案；
7 評估可能的行動方案；
8 決定並執行；
9 監督執行；
10 評估結果，並採取措施避免重蹈覆轍。

好的危機管理者會運用自己與團隊的經驗及智慧，更快速地完成這些步驟。

危機管理者利用暫時擱置問題來換取時間，但一如所有優秀的管理者，只要他們想要，就能讓事情迅速成真。他們是好的領導者，啟發團隊、鼓勵他們付出努力，並在管理危機得到成功的結果時給予他們信心。

最後，同時也最重要的是，他們保持冷靜，不驚慌、不反應過度、不失去理智。實際上，只要可以，他們會刻意放慢步調，好給予他人一種凡事都在掌握中、一切都按計畫進行著的印象。

總之，危機管理不僅止於在壓力下進行好的管理。腎上腺素或許會流動地快些，但這會使你完美地集中精力。優秀的管理者不但在壓力下茁壯，同時也是優秀的危機管理者。

19 如何管理專案

專案管理為計劃、監督並控制單一活動或一連串活動，以在編列的預算成本內，於預先訂定的時間點達成明確界定、且符合特定績效或品質標準的結果。這與可交付成果有關——一如先前所要求或承諾的把事情完成。按時取得成果是很重要，但在符合規格之下、估算成本以內取得結果也一樣重要。

專案管理涉及行動計劃——決定要做**什麼**、**為何**要做、**由誰**去做、花費**多少**、**何時**完成（一氣呵成或者按部就班），以及**在哪**執行。

專案管理的三大主要活動為專案計畫、專案建立，以及專案控制。

專案計畫

專案起始

專案規劃始於專案目標的定義。一旦要成立營運企畫案（business case），就意味著要回答兩個基本問題：

- 為何需要這個專案？
- 該專案預期帶來什麼利益？

這些問題的答案應予以量化，而我們可以藉著諸如新系統、符合明確定義的業務需求設備、生產新產品所需的新廠房，或者提升品質、生產力等形式，詳細說明量化的要件。預期利益則用產出的收入、生產力、品質或績效改善、節約成本及投資報酬表示。

專案評估

專案涉及投資資源，也就是金錢與人力。運用投資評估的技能，來確保投資會達到該公司投資報酬率的標準。成本效益分析（cost-benefit analysis）可用於評估利益，能夠說明該專案所需的成本、時間與人數的合理程度。這就要求我們能夠辨識出機會成本（opportunity cost），進而證實了能否藉由投資金錢或在其它專案或活動配置人力，以取得更大的利益。

成效規格

這裡羅列出我們期待該專案達成什麼——應如何執行——並描述專案結構或施行方式的細節。

專案計畫

專案計畫羅列出以下內容：

- 排序好主要的施行方式：專案的重大階段；
- 把每個主要的施行方式適當地細分為一連串的次要任務；

- 分析主要任務及次要任務的交互關係與相互依存度；
- 評估完成每個主要施行方式或重大階段所需的時間；
- 評估所需的資源：金錢、人力、設備與時間；
- 取得必要物料、系統與設備的採購計畫；
- 人力資源計畫，定義該專案在每個階段將配置多少不同技能的人力，誰會在每個重大階段或施行方式負責控制專案，而誰又負責控制整個專案。

但專案管理並不僅是塞進額外的資源，好讓事情準時完成。美國軟體工程師、知名軟體工程書籍《人月神話：軟體專案管理之道》（*The Mythical Man-Month: Essays on Software Engineering*）的作者佛瑞德・布魯克斯[1]（Fred Brooks）任職於美國 IBM 電腦公司時，就曾發現他所正在管理的專案遠遠落後進度，然後他又在任務中投入更多的資源（如程式設計師），但隨著此事發生，問題惡化，並無好轉。每當團隊中加入一名程式設計師，專案就落後得更多。問題就在於難以協調大幅增加的資源。他在探討該主題的書中制定了布魯克斯定律（Brook's law）：「在落後的專案中投入人力，只會使其更加落後。」

專案建立

建立專案涉及：

- 取得並分配資源；
- 選擇專案管理團隊，並向其簡報；
- 訂下專案的進度，確立每個階段；
- 定義、建立控制系統及回報流程（進度報告的格式及時點）；
- 按照不同階段明確訂出專案的關鍵日期（里程碑），並提出召開里程碑大會，以檢視進度並決定所需的行動。

專案控制

專案最需要得到控制的事情有以下三項：

1 **時間**：依照進度達成專案計畫；

2 **品質**：達到專案規格；

3 **成本：**在預算內控制成本。

專案控制是以進度報告為基礎，該報告呈現按計畫完成的工作，提供了每個階段或行動的計劃完成時間、實際完成情況和預計完成的日期。因此，在確定可能延誤、超支或遇到瓶頸之下，我們才能及時採取矯正行動。我們也能透過使用甘特圖或長條圖，同時參考網絡設計或嚴謹的徑路分析來取得控制。

我們須預先決定每隔多久召開一次進度會議，當這些會議的時間與專案的重要階段不謀而合，就可被視為「里程碑」大會。

有效管理專案的十大步驟

1 明確指出目標及可交付成果。

2 執行成本效益分析或投資評定，以合理說明專案。

3 決定：

- 該做什麼；
- 由誰去做；

- 該在何時完成（分階段）；
- 該花多少成本。

4 確定資源需求（人力、金錢、物料、系統、設備等）。

5 籌劃進度：明確界定階段。

6 確立控制方法：圖表、網絡分析、進度報告、進度（里程碑）會議。

7 確保人人清楚被期待做些什麼，並擁有所需的資源。

8 對照計畫，並在正式會議中持續監督進度。

9 採取必要的矯正行動，比如說：重新分配資源。

10 對照目標及可交付成果，評估最終結果。

注釋

1 Brooks, F P (1974) *The Mythical Man-Month: Essays on software engineering*, Addison Wesley, Reading, MA

20 如何管理風險

風險管理即避開無法承受的風險，並管理當前的風險，以將它們可能造成的有害衝擊減到最低。英國經濟學人智庫（Economist Intelligence Unit, EIU）曾研究三千名經理，指出僅有百分之五的人全然相信他們的風險控制系統正成功地辨識、評估、最小化並管理所有影響其業務的潛在重大風險。

風險管理受到兩大定律的影響：

1 **莫非定律**：凡事若有可能出錯，就一定會出錯。

2 **始料未及定律（The law of unintended consequences）**：複雜系統中的干預行為，往往製造出意料之外而且經常不受歡迎的結果。

風險可以單純是財務面的——這筆投資成功的機率為何？但因為管理控制的錯誤、系統不足、員工疏失與無法接受的行為，以致產生了摧毀美國安達信會計師事務所（Arthur Andersen）、英國霸菱銀行（Barings）、美國安隆能源公司（Enron）及美國雷曼兄弟投資銀行（Lehman Brothers）的風險。組織若無法在期貨市場避險（hedge），也許就會持續遭受損失。這或許是因為一名欠缺經驗的管理者被賦予責任執行這項任務，而公司並未善盡職責、合理監督那位管理者的活動。公用事業或許會面臨政治決定下的規範通知與管制風險，這些都必須加以預期。

稽核員肯定了解，當他們有所疏忽、產出的稽核報告並未呈現出「全面、公正的觀點」時，所要承擔的風險。國外的銷售或許會受到政治風險的影響，軟體公司得準備好面對競爭者將會產出更優良產品的風險。市場龍頭的公司或許會冒上受到競爭者威脅的風險——該公司為了維持競爭優勢，會監測競爭、定期評估顧客要求、尋求產品改善或提升服務水準到什麼程度？一家企業可能有百分之八十的銷售額都仰仗單一的顧客，倘若這名顧客打算另起爐灶，那會如何？這個風險有多大？我們能做什麼降低風險？

以上這些狀況與問題，就是應該透過系統化的風險管理方法加以處理的所有事務。

風險的種類

風險的種類有：

- **商務風險：**競爭加劇、可由他處取得更優良的產品或服務、削價競爭、供給商問題、主要顧客不再合作或移轉業務到別處。
- **財務風險：**投資失利、詐欺、拖欠、流動性不佳、市場價格下滑。
- **經濟風險：**本國或海外市場經濟蕭條、不利的匯率變動、全球價格下滑。
- **政治風險：**不利的政治決定（如立法、稅捐調整、管制變化、英國公平交易局〔Office of Fair Trading, OFT〕調查）。
- **技術發展：**淘汰公司產品或服務的新發展。
- **衛生及安全：**疾病、意外或工傷風險。
- **自然災害：**火災、水災、暴動等。
- **犯罪：**侵占、詐騙、電腦犯罪、產業間諜。
- **法律：**成功協助公司對抗造成金錢或信譽損失的行動之風險。
- **潮流：**影響需求的潮流變化。

風險最小化

將風險最小化的主要方法有：

- 建立財務控管，以防詐騙。
- 設立遵守協議，以確保恪守規定。
- 監督主要或超出特定金額的交易及其交易人士，以確保這些交易符合政策與程序，而不致引發不當的風險。
- 針對主要顧客無清償能力、天災，或者某家公司出口貨物的國家正在推行貨幣限額以致無法付款等這類風險進行投保。
- 多元化經營擁有不同風險圖像（risk profile）的產品或服務；避免過度倚賴單一供應商。
- 避險：採取一旦發生風險就能彌補的行動。避險最典型的場域就是外匯交易，其中包含預先買入貨幣。倘若某公司承受不起股票市場中突然崩盤，可在崩盤發生時買進提供資金的選擇權。倘若該公司容易受到一整組要素的影響，那麼可以購買或取得會因這類要素而蓬勃發展的公司之股權。

管理風險

管理風險的方法為：

- 理解風險評估是一種要持續進行的行為，你不能冒險不做風險評估。
- 讓風險評估及風險管理成為董事會及管理高層主要關切的項目。
- 確保組織中的每個人都知道自己的職責是辨識、回報並管理風險。
- 著重在避免無法接受的業務風險，之後才管理其它的業務風險，以把風險降至能夠接受的水準。
- 制定業務風險控制政策，並確保人人清楚並且了解。
- 自源頭預判業務風險，並持續監督風險控制。
- 切記，比起業績不好的員工，成效不彰的過程與控制才是業務風險的主因。

21 如何管理內部壓力

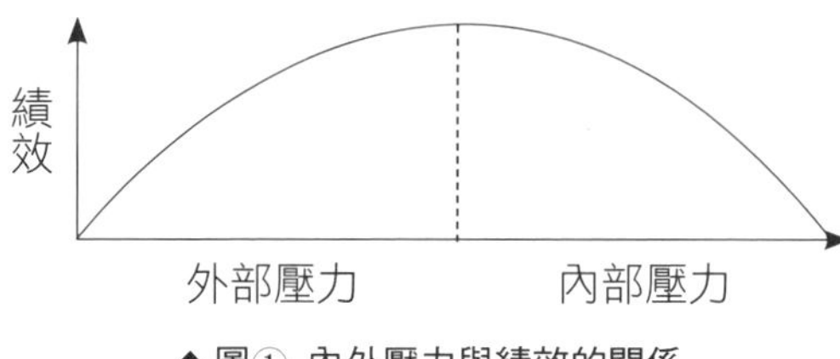

◆ 圖① 內外壓力與績效的關係

當你體驗到高過於自己所能應付的外部壓力、挫折，或者較高程度的情緒需求時，你就會備感壓力。適度的外部壓力是件好事，能刺激、激勵你，有些人更因而茁壯成長，還會回應他人感到難以忍受的挑戰。

外部壓力包含：達到預期績效；按時完工；處理多餘的工作量；應付棘手的上司、同事、客戶、顧客或下屬——包括霸凌在內；在生活與工作之間達到令人滿意的平衡的問題（調和工作要求與家庭責任或外部權益）；角色上的模稜兩可（缺乏理解他人對你的期待）。

只要外部壓力並未過度積累，就沒有什麼太大問題。在某種程度上，外部壓力將會促進、改善績效，但之後會轉變成內部壓力，並導致績效下滑，如圖①所示。很重要且必須牢記的是，忍受外部壓力的能力因人而異：激勵某甲的外部壓力強度，會是某乙難以承受的內部壓力。但這也指出，即便有些人生性較傾向於為內部壓力所苦，但仍然有一些管理或限制內部壓力的空間，切記，內部壓力通常都是自我強加而來的。

內部壓力的症狀

可以明顯在他人或本身觀察到的內部壓力症狀，包含了無法應付工作上的要求（這創造出更多內部壓力）、疲累、昏睡、缺少熱忱還有脾氣暴躁。

管理他人的內部壓力

組織能做什麼

組織能夠藉由發展出部門經理及專業員工所能執行的流程與政策，進而管理內部壓力。這些包括：

- 清楚界定角色，以減少角色上的模稜兩可，同時給予人們更多自治；
- 設定合理、可達到的績效標準；
- 設立績效管理的過程，鼓勵管理者與員工之間針對工作及其壓力對話；
- 給個人機會獲得專業諮詢；
- 建立反霸凌政策；
- 建立工作——生活平衡政策，除了將身為雙親、伴侶或照顧者的員工所感受到的外部壓力納入考量，亦可納入諸如特休或彈性工時之類的法律條文。

你能做什麼

為了管理他人的內部壓力，你必須：

- 了解上述的組織政策與程序，並準備好向自己的員工推動施行。
- 配合人們的能力修改你對他們的要求：同意拓展目標是個好點子，但目標必須是相關人士（透過努力，但不致感到壓力太大）所能達到的。
- 留意人們感到壓力時顯現的症狀，試著找出引發壓力的原因，並作為減輕壓力的依據。

- 倘若個人因為外部壓力太大而備感壓力，那麼試著把需求調整到更合理的程度，這有可能是重新籌劃工作，或是移交職務到他人身上。
- 準備好傾聽並回應抱怨自己壓力太大的個人：你不必照單全收，但一定要聽他們說完。

管理自己的內部壓力

若你感到壓力太大，那麼你能做以下十件事：

1 試著找到你為何備感壓力：有任何特定原因，還是只要工作難以應付，普遍都會有這種感覺？

2 找某人討論此事：上司（若他有同理心）、同事、人資、朋友、伴侶。

3 倘若壓力過大，詢問組織能否商請諮詢專家提供建議。

4 與你的上司討論工作量及截止日，看看能否獲得任何緩解。

5 仔細思考是否有機會分配更多工作給你的員工。

6 分辨哪些超出了你的掌控，並堅定地將其擱置一旁。專注在你影響力所及的事，然後著手進行。

7 在白天抽出點時間：放鬆幾分鐘和同事喝杯咖啡。

8 別超時工作。

9 別把工作帶回家。

10 定期運動。

22 如何管理時間

我糟蹋了時間，現在時間在糟蹋我。

——威廉．莎士比亞《理查二世》（*Richard II*）

倘若你被執行長告知，有份特別的工作需要你（意味著直屬他麾下），將給你機會處理策略性議題、拓展你的經驗並提供你絕佳的升遷願景，你會接受嗎？當然答案是「會」。但倘若你被告知每周要花在這份工作上整整一天，同時還要在剩餘的四天中履行你目前的工作職責，你還是會接下這份工作嗎？你當然會。但你不得不坦誠，此刻你所能花在目前工作上的時間——就算你把自己的時間規劃得更好——也就只剩下原本的五分之四。

為了重新得到那五分之一，甚至更多的時間，你必須有系統地思考自己如何運用時間，然後就能採取行動把自己規劃得更好、請他人協助，又或者，至少別讓他人妨礙到你。

分析

首先你所要做的，就是找出哪裡有可以改善運用時間的空間。

你的工作

從你的工作開始：準備執行的任務，還有必須達成的目標。試著在你的任務間及目標中建立起優先排序。

倘若你有許多潛在相互衝突的責任領域，那麼要做到這點會比較困難。以下這個行政主管就是個很好的範例。他的責任包羅萬象，涵蓋財務、辦公服務以及員工。長期都有優先順序相互衝突的問題，而且在一天結束之後，他經常會對自己說：「我浪費了時間，幾乎什麼都沒做到。」

他請了一天假從頭到尾思考一遍，並了解到他得先綜觀整個局勢，才投入細節。他覺得，要是自己能夠歸整出眾多目標的相對重要性，他也就比較能夠賦予任務相對的優先排序。

這麼做的同時，他就能仰賴預防維護來減少問題，而當危機真正發生時——在其工作領域很難避免——他就能專注在單一場所救火，而不必擔憂其它地方現況如何。

因此，他的第二個目標，就是給自己足夠的自由時間專注在重大問題，如此一來，就能迅速回應問題，再就可能發生的問題分類，並決定哪些可以放心地委派他人、哪些則應該自己處理。所以在碰到問題時，他要準備好分配優先順序，並選擇親自處理嚴重的問題，同時清楚行政體系會在毫無干擾之下持續運作。

你如何運用時間

在歸整出主要優先順序的同時，你應更加詳細地分析自己如何運用時間。這將辨識出耗時的行為，並明確指出哪裡有問題，還有問題可能的解決方案。

分析時間的最佳方法，就是撰寫日誌。你可以電子化，運用微軟 Outlook 的規劃軟體，一次做一周，更好的話，做兩周或三周，因為一周也許無法呈現出代表性的樣貌。把一天分成許多十五分鐘的小節，記下你在每個時段做了什麼，然後在每個時段旁邊的空間寫下V代表「值回票價」（valuable）、D代表「有疑慮的」（doubtful）、U代表「浪費時間」（useless），總結一下你是如何有效地運用自己的時間。你若想做出更精確的判斷，就給你的評論寫上加號或減號。

比如說：

◆表① 時間管理日誌

時間	任務	評比
9.00-9.15	處理新的電郵及來函	V
9.15-9.30	處理新的電郵及來函	V
9.30-9.45	討論行政問題	D
9.45-10.00	討論行政問題	D
10.00-10.15	代理會議	U
10.15-10.30	代理會議	U
10.30-10.45	代理會議	U
10.45-11.00	代理會議	U

一周結束後，按照以下標題分析你的時間：

- 閱讀；
- 寫作；
- 口述；
- 收發電郵；
- 打電話；
- 處理人事（個人或團體）；
- 開會；
- 出差；
- 其它（寫出特定內容）。

也在每個標題下分析每次活動價值的VDU評比。這個分析將提供你所需的資訊，以找出你在管理時間上的弱點。

使用本章最後的時間花費檢核表（表②），找出問題及可能的補救方案。

自我規劃

這種分析方法通常會拋出你在規劃工作上的弱點，並建立優先順序。把必須完成的任務，放入所擁有能夠完成任務的時間內，再依照重要順序一一達成。

有些人認為提前規劃工作很難，要不就是覺得這不可能。他們認為，要是自己得在幾乎不可能的截止日前完成工作，才會有最佳的工作表現；他們還說，在壓力下工作使其專心致志——媒體記者就是最好的例子。

但在各種相互衝突的壓力下工作的普通人並無法仰賴危機行動，來讓自己脫離工作的僵局。對我們多數人來說，試著花點注意力規劃我們的日常時間，好把在額外壓力下工作的需求降到最低，這是比較好的。你起碼應該使用日誌進行長程計劃、大致規劃每周的活動並略加詳細的計劃每一天。

使用日誌

試著每周至少空出一天不開會，並避免一整天都排滿行程。換言之，空出未分配的時段來計劃、思考、閱讀、寫作以及處理突發時間。

每周記事表

每周一開始就先拿著日誌坐下，計劃你打算如何分配時間。評估你的每個專案或任務，並設法找出優先順序。預留時段處理電郵、其它信件並訪視員工。可能的話，試著保留一整天或至少半天的自由時間。

倘若樣樣寫下對你有所幫助，那麼草擬一張簡易的每周記事表，並記錄你每天早上、下午還有晚上——倘若工作的話——打算做什麼。

每日記事表

每天一開始就查閱日誌，確認你的計畫與必須處理的事。參考前一天的記事表，找出何事尚未完成，並檢查你的待處理文件存放格、文件夾與收到的電子郵件，確認什麼事情待處理、什麼事情才剛發生。

接著寫下要做的事：

1 會議或面談；

2 回覆電子郵件；

3 打電話；

4 按照優先順序排列的任務：

A：今天必須完成；

B：理想上今天應該完成，但可留到明天；

C：可稍晚處理。

大略規劃你會在何時把順位A及順位B的任務排進當天的行程。完成任務後打勾。留下這張清單，以待隔日查閱。

可以使用電子化的記事表，許多成功的時間管理者只會使用一張空白紙，但你可以參考隨後附上的簡易表格。

規劃他人

你的首要任務是自我規劃，但你若能指導並鼓勵他人，他們也就能有所幫助。他們包括你的私人助理、上司、同事、下屬以及外部聯絡人。

你的私人助理

私人助理能夠帶來很大幫助：將來函分成什麼需要立即處理、什麼可以稍後細看；按照你的原則管理預定行程；阻擋不受歡迎的來電者；攔截電話；處理例行甚至半例行的信件；為便於取得，分類並歸整你的文件與分類系統；幫你接通電話等等。他能做的事不勝枚舉。每個有效率的上司都會承認他／她極其依賴有效率的私人助理。

你的上司

你的上司可能會因為太過冗長的會議、不必要的干擾、瑣碎的要求和普遍的吹毛求疵而浪費你的時間。或許你對此無計可施，但你能學習如何避免這樣對待自己的員工。

一旦你以自己的名義，就能培養「剔除短暫、無趣的討論」這種禮貌的藝術。「我希望你覺得我們已經解決這個問題——現在起我不會打擾你，然後會讓事情繼續進行」的這類公式十分管用，而且你或許能夠巧妙地指出，你的上司倘若讓你獨自一人，就能讓你的績效表現更好。這很困難，但值得一試。

你的同事

試著教育他們，避免不必要的干擾。當他們有急事找你討論，別將其拒之門外，以免激怒他們。但如果事情能等，就讓他們同意在稍晚的某個時間點和你碰面。講電話時，避免沉溺在過多的客套話中。明快，但不失禮。試著說服他們別用不必要的電子郵件淹沒你。

你的下屬

你若有系統地決定要分配什麼工作給下屬，雙方就能省下很多時間。你若明確地分配工作，並清楚說明想要他們如何且何時回報，甚至能省下更多時間。

「不關門」政策理論上沒問題，實際上卻很浪費時間。在你專注於更重要的業務時，學著向想要見你的下屬說「不」，但總是給出一個他們能夠見你的時間，而且信守承諾。

倘若普遍和員工談談他們的工作、額外的興趣有助於增加相互了解與尊重，那麼這些時間可說是花得很值得。將這排入你的行程，而且一有機會，就準備好將業務面的討論延伸至更廣泛的事務上。但別做過頭了。

外部聯絡人

外部聯絡人也適用同樣的規則。防止他們沒有預約就逕自跑來見你，要求你的私人助理阻絕不受歡迎的來電，並向你的聯絡人簡要說明你希望他們怎麼做，還有應在何時安排會面。

處理時間問題

◆表② 時間花費檢核表

問題	可能的補救方案
挑戰	
1 工作堆積	•設定優先順序。 •設定截止日。 •實際預估時間：多數人都會低估；據你一開始推測的時間再加上百分之二十。

2 試圖一次做太多事	• 設定優先順序。 • 一次做一件事。 • 學著向自己與他人說「不」。
3 涉入太多細節	• 委派多點任務。
4 推遲讓人不開心的任務	• 排定並恪守時程。 • 迅速了結讓人不開心的任務——之後你就會感覺好多了。
5 思考時間不夠	• 預留思考的時段——一天或一周的一段時間，沒有文書工作，也不受干擾。
人事	
6 常被前來辦公室的人打斷	• 利用私人助理，將不受歡迎的訪客拒於門外。 • 預約，並要人們務必履約。 • 給自己預留不被打斷的時段。
7 常被來電打斷	• 讓私人助理攔截電話，並在適當時轉接電話。 • 堅定表明自己會在方便時回撥。
8 對話時間太多	• 事先決定你和某人碰面是想達成什麼，且在一開始和結束時，都把客套話減到最少。 • 專注讓自己和他人都扣緊主題——人們太過容易離題或被引導偏離主題。 • 學著如何迅速開完會，但別過於輕率。

文書作業	
9 被來信淹沒	•要私人助理把文件分成三大資料夾：現在行動、稍後行動、資訊提供。 •把自己從無用資訊的轉寄名單中剔除。 •真正需要時，才會要求書面的備忘錄及報告。 •鼓勵人們簡潔、清楚地呈現資訊及報告。 •要求摘要，而非整份報告。 •修習速讀課程。
10 要處理的信件太多	•若真是重大事件，親自找人們洽談。 •再次發現打電話的功用。 •手寫紙條。 •把自己從發送名單中剔除。 •多使用「我不在辦公室」的自動回覆功能。 •每天只確認一、兩次收件匣。 •練習寄送簡要的回覆：「是／否／可以談談」。
11 要撰寫或口述的信件／備忘錄太多	•多使用電話或電郵。 •避免個別撰寫「來函敬悉」的回覆內容。

12 文書作業堆積	•馬上做。 •空出一天剛開始約莫半小時處理緊急信件。 •一整天下來，留下一個時段進行不那麼急迫的閱讀。 •每天目標清除辦公桌上或收件匣中至少九成的文件或訊息。
13 遺失或亂擺文件	•歸類，或讓私人助理整理；把目前的專案文件放在個別、容易取得的資料夾。 •別在待處理的文件存放格中留存文件——每日清空。 •建立能讓你方便取用文件的分類及檢索系統。 •確保私人助理持有記錄每日信件往來的副本，以作為找出文件的最後手段。 •保持辦公桌的整潔。
會議	
14 開會時間太多	•若你要開會：避免在沒事要說時還定期開會；檢視你所召開的所有會議，能夠刪減越多越好。 •若不是非得出席委員會或有他人更合適，就把自己剔除。 •身為主席：限制開會開多久，並加以遵守；除去閒聊且重覆的內容；允許討論，但保有進度；議程合理，並堅守議程。 •身為成員：別含糊其辭；別為說而說；別浪費時間自我吹噓。

出差	
15 太常出差	‧使用電話或信件。 ‧要別人去。 ‧每次你計劃出門，捫心自問：「我真有必要去這一趟嗎？」 ‧計劃用最快的方式：搭乘飛機、火車或者開車。

23 如何說服他人

管理者的工作，有六成是把事情做對，有四成是把事情表達清楚。同時也花了不少時間說服他人接受自己的想法與建議。說服的另一個字，就是銷售。你或許覺得好的想法應該就會自己大賣，但人生可不是這麼回事。人人都會抗拒變化，任何新的事物鐵定也都會遭到質疑。因此，學習一些簡單的規則，好在未來幫你更有效地銷售你的點子，這是很值得的。

有效說服的十個規則

1 定義問題——確定問題是誤解（無法準確地了解彼此），還是真正的意見不合（雙方即便相互了解，還是無法達成共識）。更加了解彼此，未必就有可能解決真正的意見不合。人們普遍認為，爭論就是一場了解誰才是正確的戰鬥，而且常是誰比較固執的戰鬥。

2 **定義你的目標並取得事實**——決定你想達成什麼，還有想達成的理由。收集你所需的全部事實，來支持你的案例。排除情緒性的主張，如此一來，你和其他人才能單就事實評判論點。

3 **找出對方想要什麼**——所有說服的關鍵，就在於從他人的觀點去看待自己的論點。找出他／她如何看待事物，並證實他／她需要什麼、想要什麼。

4 **著重好處**——藉由突顯對對方的好處，或起碼減少反對或恐懼，來呈現你的案例。

5 **預測他人的反應**——我們所說的每件事，都應著重在可能發生的反應。藉著問自己對方可能會對你的論點產生怎樣負面的反應，並想出回應他／她的方法，來預期可能的反對聲浪。

6 **建構出他人的下一步**——不是決定我們想做什麼，而是決定我們想要他人做什麼。你的目標是要取得成果。

7 **藉由參考人們的個人見解，來說服他們**——人們是根據自己的見解，而非你的見解，來決定要做什麼。

8 **準備好簡單又吸引人的論點，儘可能地直截了當**——呈現出案例的「陽光面」，強調好處，並把問題分成處理得來的小部分，一次一點加以處理。

9 **使他人贊同你的想法**——讓他／她有所貢獻。找出一些共通點，那麼你就能從兩人一致的觀點出發。別在爭論中試圖擊敗對方，否則你未來只會引起他／她的反感。

10 **敲定提案，並採取行動**——選擇在對的時刻敲定提案，切勿延長討論，並冒上丟失提案的風險。要馬上跟進、加以行動。

24 如何談判

談判是種達成協議的過程，藉此取得可能對你的公司、工會或你自己最好的交易。

談判涉及利益衝突。賣方偏好低價高售，買方則偏好高價低售。工會想要盡其所能取得最優渥的協定，資方則想要代價最低的協定。這可能會是場零和遊戲——一方贏了，另一方就輸了。沒有人喜歡輸，於是會有衝突，倘若大家想要心平氣和達成協議，那麼就得處理這種衝突。無論談判過程中產生了多少意見上的分歧，談判者的確——或者說應該——試圖在最後取得友好的條件，畢竟，最後大家仍會達成共識的。

談判另一個重要的特徵，即發生在不確定的氛圍下。雙方未必清楚彼此想要什麼，或將提出什麼。談判主要有兩種類型：商業談判及工會談判。

商業談判

商業談判（business negotiation）主要是有關供應商品或服務的價格與條件。

商業談判最簡單的形式，就只是買賣雙方之間的交易，和你以舊車換購新車所發生的狀況沒有兩樣。比較複雜的是，其關係到套案（package），這套案中除了基本產品，還出售許多額外的東西。賣方為符合買方的需求，通常能夠給出一個價格區間：「工廠價」、交貨價、安裝價還有包含服務價，也可能提出各種分期付款或者賒帳的方法。

這個類型的談判通常是從買方訂出規格開始，然後賣方提案，接著才展開談判。賣方將在提案中納入談判空間，並準備好依據買方所要求的套案變動價格。

商業談判常會在友善的方式下進行，而這就是你們最大的問題。你們很可能在談判者的哄騙下，過於輕易地受到引誘，進而接受了較不讓人滿意的交易。

工會談判

工會談判（trade union negotiation）可能棘手得多。它們可能涉及簡單的工資協定，但通常也會涉及套案。額外福利是關鍵，而且倘有需要，可能會用以換取讓步。

這種談判的形式中，雙方可能都相當清楚他們將會給到什麼程度，或者將會接受多少。他們會預先決定一開始的要求和協議，然後分析額外的要求清單，以決定能在哪些方面讓步，好換取特定的福利作為回報。

工會談判中使用了許多交易的常規，最普遍為人們所接受的如下所述：

- 交易的過程中無論發生何事，雙方都希望能達成協定。
- 雙方都會把攻擊、粗話、威脅和（克制的）發脾氣當作是正當手法，且不得因此動搖一方對另一方誠實正直的信任，或動搖大家都想在不採取激烈手段的情況下達成協定的信念。
- 在正式交易的場合中，除非事前徵得雙方的同意，否則不應明確引用私底下的討論（是一種探知態度及意圖的手段，對談判很有幫助）。

- 雙方都應準備好調整自己原先的立場。
- 即便我們能夠避免，但在談判過程中經過一連串的提議、反提議下，一步步地達成協定，也是很正常的。
- 一旦讓步，不能反悔。
- 提出及撤回附帶條件都是合理的，但是不得撤回已確定協議。
- 直到雙方都同意在缺少第三方的情況下無法有進展，才應讓第三方涉入。
- 最終協議的內容是什麼，就意味著該當如何。不應有任何欺詐，同時應在不做任何修改之下履行雙方同意的條件。
- 可能的話，應明確制定最終協定，那麼雙方都能保留顏面和信譽。

談判的過程

- **準備：**設定目標（或草擬規格）、蒐集資料，並決定談判策略。
- **開始：**談判者向相應的對方透露他們一開始的交易立場。
- **議價：**談判者在與他方進行討論時，企圖藉由提議（報價）、反提議（議價）的過程取得最有利的立場。

- **結束：**各自判斷另一方是否決定堅守立場，或同意妥協。此時各方都會祭出最後手段。就在這個階段，最終的「取捨」可能會促成協定。

談判策略

準備

1 定義談判目的如下：

- 理想：你所能希望達到的最佳結果；
- 底限：你準備好同意的最低限度；
- 目標：你所打算嘗試，並務實地相信是很有機會達成的目標。

2 仔細思考你可能會如何建立一個相互讓步的套案。舉例而言，你能否為了在付款條件上讓步，而接受較高的價格，又或者工會倘若同意移除限制行為（restrictive practice），你就能提高工資？

3 評估另一方想要什麼或準備提議什麼。舉例而言，倘若你是一名正和商家談判條件的製造商，像是清楚買家受限於堅持加價三倍的公司政策等等，這是很值得的。一旦知道該商家未來想要販賣的零售價，你就會相當清楚這名買家所將支付的最高價格，也就能接著判斷是否應該竭力推出更大筆的訂單，以合理說明你會接受比正常狀況下還低的售價。

在典型的工資談判中，提出訴求的工會或代表方將會帶著預定好的目標、底限與公開訴求來到談判桌。同樣的，身為雇主的你，也會有你個人的目標、上限與公開的工資提議。他們的訴求與你提議之間的差異，就是談判範圍（negotiating range）。倘若你的上限超過他們的底限，就會明確指出協定區（settlement zone），如圖①。在這個範例中，毋須太過麻煩就能達成協定的機率非常高。只有在你的上限低於他們的底限，如圖②所示，這才是麻煩的開始。

4 決定策略和手法：公開提議、將採取的措施、準備給出的讓步，以及打算運用的論點。

5 蒐集事實，用以支持你的案例。

6 收集所需的任何文件，如標準的合約條款。

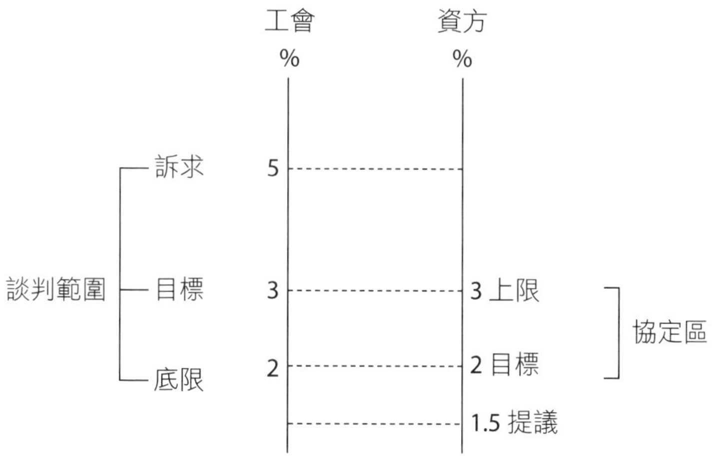

◆ 圖① 具協定區的談判範圍

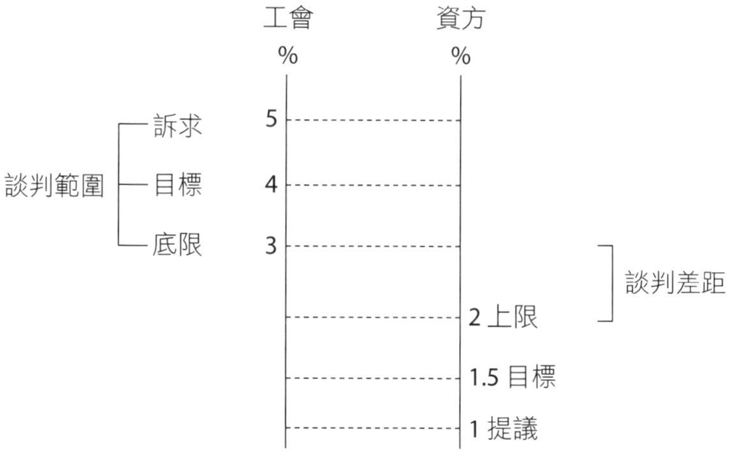

◆ 圖② 不具協定區的談判範圍

在工會談判中：

1 選擇談判團隊：切勿少於兩名成員，針對重大談判，則應有三名以上的成員：一人領導、一人記錄並為談判提供所需的補充資料，其他人則觀察他們相應的對方，並根據自身的職責，在談判中扮演著特定的角色。

2 向談判成員簡要說明他們的角色和即將採行的談判策略及手法。倘若時機合適，應在這階段發布執行策略計畫時所需準備好的聲明或主張。

3 讓團隊成員排練自己的角色。要求他們向其他成員重覆自己的的觀點，並處理來自他們的回應；或者某人能夠扮演魔鬼代言人的角色，強迫團隊的領導者或其他成員應付棘手的觀點或談判的花招。

在這個階段，你也許會私下與對手碰面，以試探他們的立場，對方同時也會試探你們。你可以利用這部分作為「預警」系統，透過說服對手你們在立場上的優勢，或者抵抗的決心，好讓他們修改最初的要求。

開始

你啟動談判時的策略應該是：

- 務實地開始，穩健地進行；
- 挑戰對手所站定的立場，但切莫限制他們變更立場的能力；
- 探詢態度、提問、觀察行為，同時最重要的，傾聽；評估對手的優劣、策略，以及他們可能虛張聲勢到什麼程度；
- 在這個階段，對什麼都毫不讓步；
- 不對提案與解釋做出任何承諾（別說太多話）。

議價

你的目標就是縮小雙方最初立場間的差距，並說服對手你們的案子太過突出，以致他們所需接受的，要比原先規劃的還要少。於是你該：

- 總是有條件地提案：「你們如果這麼做，我們就會考慮那麼做。」
- 切莫單方面讓步：總是權衡得失，以換取對方的讓步：「如果我在X讓步，就會希望你在Y讓步。」
- 談判整個套案：別讓你的對手逐一瞄準項目；開放所有問題，以便從可能的取捨中設法獲得最大的利益。

▲判讀訊號

在這個討價還價的階段，你須對對方所做出的任何訊號保持敏銳。每當他們做出有條件的聲明，就顯示出他們準備採取行動。藉著提問，探測所有的可能性。試著支持人們所說的，然後了解他們真正意指為何。舉例而言：

◆表① 字面意義與言下之意

字面意義	言下之意
我只能給到這個程度。	我也許能說服我的上司更進一步。
通常我們給的折扣不會超過百分之五。	只要有回饋，也可以給更多折扣。
我們來思考一下這點。	我準備好進行談判。
我得注意一下那個問題。	這很難，但並非不可能。再試試看。
我們很難達到那個要求。	這並非不可能，但我們想要取捨。
我一定會認真考慮你們的報價。	我打算接受報價，但我不想讓你們顯得一蹴可幾。
這是我們的標準合約。	我們準備好針對條款進行談判。

己準備好給你們Y單位X價格的報價。	這價格可以協商。
這是我的最終報價。	若我推波助瀾，或者我的上司覺得非常值得，他／她也許會更進一步。
我們無法在那個價格下達到你們的交貨要求。	我將針對交貨或價格進行談判。

▲辯論

在這個討價還價的階段，你大部分的時間都會花在辯論上。清楚地思考（詳見第四十六章）將有助於你呈現自己的案例，同時暴露出對手論點中的謬誤。

你也應該仔細思考自己辯論的方式，你不是要去把對手打倒在地。實際上，為了在未來擁有良好的客戶關係（這對你和對手都有利），給別人留個下台階是個明智的選擇。正如一名工會領導人所言：「總是留給別人回家的公車錢。」

避免恫嚇對手。堅定地反對，但別不留情面地擊潰他們。別試圖貶低對手，若一定得這麼做，那麼要是出於破壞論點或揭露邏輯上的謬誤，而非出於詆毀個人名譽才這麼做。你若沉溺於人身攻擊或惡言相向，對手將會聯合起來對付你。

為了有效辯論，你得準備好聆聽對手所陳述和隱含的重點。本身別說太多話；這會妨礙你判讀訊號，你也可能因此洩漏太多。只要你能，就逐項質疑對手，好要他們合理說明自己的案例，並藉著提請他們澄清，而把責任交給他們。你若想要時間仔細思考，就用問題來回應問題。

平靜地辯論，不夾帶任何情緒，但可以藉著略微提高音量、放慢速度以突顯你的論點，或是藉著不斷重覆，來強調你所真正想要充分說明的重點。

控制你的憤怒。用盡所有方式堅定地表達自我，但要是你發脾氣，你就會一無所得。

時時記住，你不是要不擇手段的贏。倘若對手想要某件你給不起的東西，別只是說「不」——提出替代的套案。倘若對手所正要求的規格，比你一般在這價格下所能提供的規格還要高，同時還想要你引發額外的超時成本，好配合他們的交貨日，那麼請告訴他，只要對方準備好負擔這些成本，你就能夠符合、達到這些規格並且配合交貨期限。

▲話術

議價的標準話術很多，有些比較常見的分述如下：

- **表達威脅：**「你得同意我要的，否則我會號召罷工」或者「我會帶走我的客戶。」別對這些威脅過度反應；只要把它們視為正常殺價和推動談判的一部分，並持續處理爭論中的重點。
- **不在脅迫下談判：**「除非你們取消超時的限制，否則我們拒絕討論你們的訴求。」若你辦得到，這可是一個絕佳的方法。
- **未來會對你帶來負面影響：**「你們真的想被別人說是黑心雇主嗎？」這是一種情緒性的請求，你們毋須理會。
- **虛張聲勢的引導：**「我有兩、三組報價都比你低。」拆解這話術的方法就是要你的對手攤牌：「他們給你多少價格？」「好啊，那為什麼不接受，還要來跟我談？」
- **誘導性的問題：**「你覺不覺得根據表現來回饋員工是個好主意？」「我也這樣覺得。」「那你為何堅持保留這個罔顧人們表現多好，人人都有好處的加薪方案？」別落入誘導性問題的陷阱。

- **漸進式或「薩拉米」（salami）談判策略**[1]**：**在這步險招下，你的對手將試圖逐個剔除不要的項目。「那價格就這麼說定了，然後我們能在三個月內交貨，對吧？」「好，我們已經談定交貨條件，以下是我們針對維修如何收費。」時時針對整個套案進行談判。別迫使自己倉促地落入漸進式的手法。
- **「好，但……」的方法：**「好，我們同意接受增加百分之八，但在我們全部同意之前，還有另外一個必須處理的問題，那就是遣散賠償。」為了避免落入「好，但」的圈套，總是以接受一部分的套案為前提，再針對另一部分的套案進行提議：「我們準備好仔細思考你們百分之四的提議，但你們得同意放棄增加遣散費的訴求。」

結束

你在何時結束談判，還有如何結束談判，取決於你評估對手案例的優勢，以及他／她堅持完成談判的決心。你或許可以這麼結束：

- 讓步，最好是些微的讓步，並用來使雙方達成協議。相較於議價的階段，這時可以更積極地提出讓步：「你若同意X，那我就會在Y讓步。」

- 成交：你可能會妥協，或者帶入新點子，諸如延長協定的時程、同意逾期支付、分段加價、共同發表未來想做某事的意向聲明（比如引進生產力計畫）或者提出誘因性的折扣等。
- 總結一下截至目前為止發生了什麼事、強調已經做出的讓步，還有你已經調整到什麼程度，並表明你已經達到最終的目標。
- 透過「若不接受你的報價，將會有什麼後果」予以脅迫並施壓。
- 讓對手在兩套行動方案之間進行選擇。

除非你是認真的，否則別說出什麼是你的最終提議（報價）。倘若這並非你真正的最終提議（報價），你的對手就會說你只是做做樣子，那麼未來你就得做出更多讓步，同時信譽也會受損。當然，你的對手會企圖迫使你透露你有多接近最終的目標。別讓自己被逼迫到這番田地。倘若你想避免表態，進而降低「最終」這詞的重要性，那麼就儘可能地正面表示這已經是你的最大限度。

注釋

1 譯注：有如切義大利香腸一樣，一片片切，步步逼向敵方，取得利益，而不被對方察覺。

25 如何開會

當我們在思考組織中有多少個委員會、舉辦過多少場會議時，居然很難找到有人說開會的好處，這真的很不可思議。

人人都說委員會是由一群不適任的人所組成，是被不稱職的人指派去做不必要的事，並且太多人參與決策只會得出荒謬的成果。人們經歷了太多規劃欠佳、毫無重點的會議，以致於對許多人而言，這些諷刺性的評論與事實非常接近。為了開一個成功的會議，你必須把成立會議和會議進行的守則納入考量，同時還要確保有一名有效率的主席。

會議守則

◆表① 會議守則

該做	不該做
•倘若訊息或判別的範圍超過單人，那麼請善用開會。	•倘若單一個人能把工作做得更好，那麼就別開會。
•凡有必要一次在同個地點聚集不同觀點的人們，才設立委員會。	•你若希望責任清晰、明確，就別成立委員會。
•指派一名將能掌控會議並取得最佳效率的主席。	•別用委員會來管理任何事務。
•聚集不同背景、能夠針對委員會貢獻點子的人。	•若需要立即行動，就別開任何會。
•告知委員要做什麼、職權為何。	•別指派成立一個超乎你需求的委員會：超過十人可能會變得效率不彰。
•明確說明你想要何時回報會議內容。	•別召開不必要的會議：定期在每月第一個周五開會或許很好，但只有在你有事要討論時才開會甚至更好。
•把會議用在最有效的地方：檢視或制定政策、協調決定、確定徵詢過所有與計畫相關的人並隨時告知最新現況。	
•達成使命後立即解散委員會。	

主持會議

會議的成敗與否大多取決在主席。倘若你正主持一場會議，該做的事項如下。

會議前

會議開始前，確認會議的職權範圍明確，同時也已向會議成員簡要說明期待他們做到什麼、應準備好貢獻什麼。為了籌辦場結構分明的會議，你要規劃一份涵蓋所有議題並且合理排序的議程。準備、發送構成會議的簡要說明文件，並詳述背景，如此一來便能節省深入細節的時間，或能在會議中單純檢視實際資料。

會議中

- 一開始，先清楚定義會議的目標，並訂定你們想要遵守的時程。
- 依序檢視議程中的每個項目，確定大家達成具體結論並加以記錄。
- 藉由簡短地描述背景並要求與會成員投入，而針對每個項目一一展開討論——要求特定問題的答案（應已提前準備好了），或者你可能先把問題轉給一開始就能做出最佳貢獻的與會成員（在理想狀況下，應已提前向那人簡要說明過了）。

- 請求其他與會成員投入貢獻，同時小心別讓任何人主導討論。
- 倘若討論偏離重點，拉回正題。
- 倘若與會成員說得太多，提醒他們來這的目的是要有所進展。
- 鼓勵成員表達不同見解，並避免在還沒做出合理的評論時，就明顯當眾讓他們難堪。
- 允許與會成員意見不同，但若過程中議論紛紛、就快引發爭論，那麼快速介入且居中斡旋。
- 偶爾利用提問插話，或者簡要說明評論，但別主導討論。
- 在會議中的適當時機概述討論內容，針對委員會已經達到什麼階段表達意見，並針對已經做出的期中或最終決議概述你的觀點。然後，確認全會同意、必要時修正結論，並確定如實記錄大會的決議。
- 在會議尾聲概述已經達成的內容，同時指出誰在何時之前該做什麼。
- 倘若需要進一步開會，就該會議的目的還有與會成員在下次開會之前應該完成什麼要達成協議。

- 記得，會議可以分階段進行。舉例而言，會議一開始先是解釋，接著討論利弊，一不小心話題走偏了得要回到正軌，之後人人又因為意見不合、激烈討論卻又得不出結論而憤憤不平，直到最後，大家才會意識到得要做出決議才行。
- 倘若你正主持一場會議，要根據會議狀況改變你的風格。可能得要明快地把人們拉回重點，或讓事情劃下句點；倘若想讓討論持續進行，可能要放鬆自己；又或者要循循善誘，才能讓人們參與討論。

26 如何成為有效率的與會成員

你若是與會成員，就該：

- 充分準備：對所有的事實瞭若指掌，也握有任何所需的佐證資料。
- 清楚、簡潔並正面地表達你的觀點：試著抵抗「說得太多」的誘惑。
- 全力貢獻，但唯有在你有話想說時才說話。
- 你若並未主導討論，或者並不了解該項主題，那麼做好隨時行動的準備。聆聽，觀察並保留自己的主張，直到你能做出真正有說服力的論點。別太快，或太過全面地投入整個討論——或許還有其它很有說服力的主張。
- 你若不太確定自己的立場，避免做出「我認為我們得這麼做」之類的聲明。反之，向主席或其他與會成員拋出「你認為有沒有這麼做的案例？」這類的問題。

- 做好堅定地為自己的觀點辯論的準備，但別執意為註定失敗的主張而戰，也別因為無法按照自己的意思就憤而離場；優雅地接受失敗。
- 切記，若在委員會遭到挫敗，改日仍有機會在不同的場合下奮戰。

27 如何組織

有效率的企業會確保組織集體的努力，以達到特定目的。

組織行動涉及把全面的管理任務區分為各種不同的過程與活動，建立起確保這些過程有效執行、活動相互協調的方法。這關乎在未知與變化的時候區別活動、整合活動——將其分類聚集，以達到組織的整體目標——並確保維持有效的資訊流動與交流管道。

組織設計

組織設計（organization desgin）是建立在活動分析、過程、決定、資訊流動與角色的基礎上，會形成一種涵蓋職位與單位的結構，且職位與單位之間涉及合作、權限運用以及資訊交換的關係。

在此結構下，會有部門主管負責藉著管理團隊及個人，以達到組織內部主要活動領域的成果，也會有專家向部門提供支援、指導與建議。

這個結構須與組織的目標、技術，及其所存在的環境相稱。它必須足夠彈性，以輕易地適應新的狀況：組織設計從來就不是單一的事件，是一種不斷修正及改變的過程。

即便正式的組織結構或許會定義誰負責什麼，還有表面上交流與控管的方式，但我們仍得承認，它實際如何運作，將取決於非正式的網絡，還有在設計過程中未被定義、而是在人們日常互動時才會產生的其它關係。

組織設計的方法

只要流程清楚明確，那麼組織設計就得以澄清角色與彼此之間的關係。它也涉及給予人們機會更有效地運用自己的技巧與能力——亦即授權的過程。

工作設計不但應該符合組織在生產力、營運效率及產品或服務品質上的要求，也應該滿足個人對利益、挑戰及成就的需求。這些目標彼此相關，而且組織設計與工作設計的重要目的，就在於整合個人的需求和組織的需求。

一談到設計或修正結構，我們就需要務實的方法。首先，我們有必要了解環境、技術以及人際關係的現存機制，才能設計出因應狀態而變的組織。即便組織者的選擇向來很多，但他們應試著盡其所能做到最適化，同時在做出選擇時，也應該清楚了解將會影響設計的結構因素、人為因素、過程因素與系統因素，以及組織運作的背景。

組織設計最終就是要確保其結構、過程及運作方式全都符合公司的策略要求及其所處的環境技術。倘若組織內外未能一致且連貫，就會發生中斷，而且一如加拿大管理大師亨利·明茲伯格[1]（Henry Mintzberg）所言：「組織就像個人，能藉由決定希望成為什麼，合理、癡迷地加以追求，進而避開身分危機。」

組織設計向來是種實證、漸進式的過程，我們無從制定絕對性的原則，但卻應在不予盲從之下，將許多廣泛性的守則納入考量。

組織守則

工作分配

相關活動應合理地分類為功能及所屬部門。階級制度中無論縱向或橫向，都應避免工作上不必要的重疊與重覆。

企業可能會發展出一種矩陣式組織（matrix organization），特別成立完成特定任務所需的跨領域專案團隊，但這些團隊的成員是持續向分派專案、評估績效、提供報酬並處理培訓及職涯發展需求的功能性領導者負責。

我們應該密切注意企業內部的流程，這些流程是一連串彼此相關的，並將投入轉成產出的活動。因此，「訂單履行」（order fulfillment）就是一種以訂單作為「投入」（input）為始，最後得到「產出」（output）——即訂單商品交貨的流程。組織設計應確保這類流程順利、有效地進行。

企業流程再造（business process re-engineering）可以檢驗連結組織內外重要功能的流程（從開始到結束），並在必要時重新設計。有時在過於投入可能妨礙工作流程的僵化性結構設計前，就妥善地規劃這些流程會是較好的做法。

團隊及個別的在職人士都應界定、同意該做什麼工作，還有該為結果負上什麼責任。需要決策的事務，應由個人或自主管理的團隊處理，而且盡快採取行動。管理者本身不應嘗試做得太多，也不應盯得太緊。

結構層級

管理及監督層級太多，不但會阻礙溝通及團隊合作，還會製造出額外的工作（與不必要的職務）。我們的目標，應在於把層級數降到最少。然而，刪去中階管理者、擴大控制範圍意味著我們必須更加注意提升團隊合作、委派任務以及整合活動的方法。

控制範圍

任何人所能管理或監督得宜的人數都有限度，但在不同的工作之間，這些限度的差異很大。多數人能管理的範圍遠比自己想像中的還要大，只要準備好更有效地分派任務、避免涉入太多細節，並與向他們回報的人員培養出良好的團隊合作。事實上，控制範圍擴大對於強化委派、促進更好的團隊合作，還有讓較高層級的管理者騰出更多時間進行決策及政策規劃都是很有幫助的。

有限的控制範圍會使管理者過度干預私下進行的工作，因而侷限了應該給予下屬與工作一同成長的機會。

一名員工、一名上司

一般來說，為了避免營運上的混淆，一個人應只對一名上司負責其所達成的結果。但在以專案為基礎或者矩陣式組織中，一個人可能要對專案負責人、對貢獻專案的結果負責，還要對部門經理或該領域負責人，以及對這個職位的要求、使整體績效達到一致的標準而負責。

諸如財務、人資等職務角色中的個人或許直接對部門經理負責，但也可能在公司政策方面，和其職務的主管維持非正式的從屬關係。

權力下放

決策的權力應儘可能地實際下放。

結構最適化

用盡所有方法打造出一個理想的組織，但同時切記，這個組織或許得要經過修正，才能符合關鍵人員的獨特技能與能力。

組織需求的相關性

打造組織得要符合其狀況需求。在目前動盪與變化的情況下，意味著我們傾向於權力更加分散且更為彈性的結構。在這結構下，個人被賦予更大的責任，而運用任務小組及專案團隊來因應機會或威脅也變得更加廣泛。這隱含著一種非正式、不官僚、有機性的組織設計方法——這種組織形式將會根據其所賦予的功能而打造，而非組織決定功能。

一如矩陣式組織，這種組織可能主要以跨領域的專案團隊為基礎，而且相較於建立一種傳統、正式又階級分明的結構，這種組織將更著重在確保涉及主要業務的工作流程妥善符合需求。

組織設計的程序

組織設計的程序為：

- 定義組織要做些什麼——宗旨與目標；
- 分析並識別所需達到該目標的流程、活動或任務，以及最好是可以組織上下的決策流程及工作流程；
- 分配相關的活動給適合的團隊及個別在職人士；
- 合理地將團隊及個別職位所執行的相關工作分類成組織單位，並確保跨組織的工作流程不致受阻；
- 每個負責的層級皆為流程及活動的管理與協調作好準備；
- 確保留意發展出團隊合作及溝通的流程；
- 建立回報及溝通關係；
- 認同非正式的網絡作為資訊交流及共同決策的重要性；
- 儘可能地為組織流程作好準備，以適應變化。

定義結構

結構通常是用組織圖（organization chart）的方式來定義。這類的組織圖在規劃、檢視組織時有其用處，能夠明確指出工作如何分配、活動如何分類聚集，還會顯示誰對誰負責，並且圖示組織的權力結構。畫圖可以是個釐清現況的好方法：這個畫下組織的過程將突顯出所有的問題，然後一旦我們思及轉變，組織圖就會是闡述替代方案的最佳方法。

組織圖的危機，在於人們可能錯把它們當作組織本身，其實該圖只不過是當下現況如何的快速寫照。一旦我們畫出組織圖，它們不但失去時效，也省略了非正式的組織及網絡。倘若你在組織圖中用小盒子代表人，他們就可能表現出自己真的就像小盒子那樣，過於恪守規則手冊而不敢有違。

組織圖能讓人們非常清楚自己的從屬關係，能讓改變更加困難；它們能夠凍結人際關係，也能呈現出人際關係應有的樣子，而非真正的樣子。對於組織圖，羅伯特・湯森[2]曾經表示：「切勿制式化、列印並且傳閱組織圖。好的組織可是活生生的肉體，會長出新的肌肉、迎接挑戰。」

定義角色

「角色描繪」（role profile），有時又稱「角色定義」（role definition），其描述個人在達到工作要求時所扮演的部分，因而明確指出需要執行工作中所涵蓋的特別任務或任務群組的行為模式：角色描繪將會闡明身為團隊一部分的個人所工作的背景，還有這些人被期待執行什麼任務。

定義角色的傳統形式就是職務說明，然而一如組織圖，職務說明可能會過於僵化，進而扼殺新的提案。當你使用角色描繪的方式，最好同時伴隨以下內容：

- 角色名稱（職稱）；
- 工作匯報；
- 角色的主要目的：簡要說明該角色之所以存在所要做的事；
- 關鍵結果範圍：在不細究如何完成工作之下，就預期結果定義責任範圍；
- 能力：執行該角色所需的行為能力（行為能力明確指出成功扮演某一角色所需的行為類型）。

角色描繪著重在結果與行為的必備要件，而非任務或職責，也並未詳細規定該做什麼。

結構實施

在實施的階段，我們有必要確認每位相關人士：

- 清楚他們會如何受到變化所影響；
- 了解他們與他人的關係將會如何變化；
- 接受變化的理由，不會不情願地參與實施。

告訴他人我們期待他們做些什麼很容易，但要讓對方了解並接受為何要做、該怎麼做，這可就困難多了。因此結構實施計畫不應僅僅涵蓋所要提供的訊息，也應涵蓋上述訊息該當如何呈現。倘若我們在分析、設計的階段中，就已全面徵詢過將受變化所影響的個人及團體，那麼傳遞訊息將會容易得多。太多組織因為並未妥善思考那些最密切相關的人們之見解及感受，直接由上而下、由外而內進行改變，導致以失敗收場。

我們常會藉由非常正式的手段來嘗試實施，如發布命令、分送組織手冊或公布職務說明等。這些手段截至目前也許都很管用，但在提供訊息的同時，卻未必促進眾人對訊息及所有權的了解——這只能透過私下但卻直接的方式達成。我們須給員工機會談一談我們在其工作職責中所提出的改變，將會涉及哪些層面——先前我們應已給過他們機會針對實施改變背後的思維提出貢獻，因此接著討論提案可能的影響應該是很自然的。無論這些人接受過多少次徵詢，都沒人能夠保證因改變而備感威脅的他們，最後都會接受這些改變，但我們還是應該試一試。部門、團體與跨功能的會議都能協助增加理解。本書第十六章已針對變化管理進行深入探討。

結構實施計畫或許得要考慮到「所有的組織變化都無法一次到位」的可能性。我們或許得要分段實施，好逐步引入變化、使人們理解我們將會期待他們做些什麼，同時預留空間使其接受必要的培訓。在任何情況下，變化都有可能受到延誤，直到組織找到了擔任新職的合適人選。

注釋

1 Mintzberg, H (1981) Organization design: fashion or fit, *Harvard Business Review*, January-February

2 Townsend, R (1970) *Up the Organization*, Michael Joseph, London

28 如何計劃並確定優先排序

計劃

計劃是一種過程，在這過程中，我們敲定行動方案、確保未來能夠取得行動所需的資源，並為工作計畫排定時程，而我們正需有這個工作計畫，才能達到定義好的最終成果。這也涉及優先排序工作，即決定做事的次序。

正常而言，身為管理者的你會在很短的時間內就提前計劃——一年，至多兩年。然後你的目標、目的與經費將可能受制於公司的計畫或預算。

你計劃在不使用多過於你所被允許使用的資源下準時完成任務。你應旨在避開危機、危機所會引發的高成本，並且擁有越來越少「放下一切、先趕這個」的問題。計劃會提醒你可能的危機，並給你機會避開這些。倘若你有任何理由相信自己的初始計畫可能會因超乎控制的原因而失敗，那麼你就應準備好應變計畫及備用計畫。

若是當你計劃時，會先選好特定的行動方案，並將其它選擇排除在外，那也就是說，你的計畫欠缺彈性。倘若未來變得和你所預期的完全不同——這極有可能——那麼欠缺彈性就會讓你處於劣勢。試著制定必要時能在合理的成本下變動的計畫。毫無變化空間的計畫，算不上是好計畫。

計劃活動

身為管理者，你需要做好以下八種計劃：

1 預測：

- 該做哪種工作、做多少、何時之前完成；
- 工作量可能如何變化；
- 號召該部門承接專業或緊急工作的可能性；
- 部門內、外可能影響優先排序、執行活動或者工作量的變化。

2 **規劃：**以準時產出成果所需要的運作方式與事件來決定排序及時程。

3 **徵才：**決定需要多少員工、何種員工，並仔細思考藉由超時工作或派遣人力吸收旺季工作量的可行性。

4 **設定標準及目標：**針對產出、銷售、次數、品質、成本，或者其它應該規劃、評估並控制績效的工作面向，設定標準及目標。

5 **程序計劃：**決定工作應該如何完成，並藉由界定所需的系統及程序，計劃實際的運作方式。

6 **物料計劃：**決定需要什麼物料、購入零件或者轉包工作，並確保可適時取得正確的數量。

7 **設施計劃：**決定所需的廠房、設備、工具與空間。

8 **編列預算：**確保將可取得所需的財務資源、備好財務預算並控制支出。

計劃技能

你身為管理者大部分所做的計劃，大多是與系統性的思考還有運用常識有關。每次計畫都涵蓋三大關鍵要素：

1 **目標**：要達到的創新或改善。

2 **行動方案**：要達到正確目標所需的特定步驟。

3 **財務影響**：行動對於銷售、營收、成本以及最重要的——利潤，所帶來的影響。

表①為如何制定生產計畫的範例。

◆表① 生產計畫

步驟	責任歸屬	完成日期
1 確保供應商認同鑄件中的瑕疵不良品。	供應部經理	1月15日前
2 針對我們在這幾週內退回十個以上不良鑄件的這批貨，與供應商減價協商。	供應部經理	1月31日前
3 設立庫存區，儲放瑕疵鑄件。	設備部經理	2月15日前
4 建立記錄停機及個別鑄件裁切故障的程序。	生產部控制人員	3月1日前
5 確保供應商同意新的安排。	供應部經理	3月15日前

每當有一個以上的活動，且須特別留意、好進行正確排序時，就能使用長條圖使計畫圖像化。表①的生產計畫可以甘特圖（見圖①）呈現。

在許多相互牽連的事件都會發生的複雜方案中，網絡計畫是一種較為精細的活動計畫方式。這需要記錄組成部分，並且在相關活動網絡的圖解中所代表的意義：事件以圓圈呈現，活動以箭頭呈現，活動所花的時間則以箭頭的長度表示。我們也可用虛線箭頭，呈現出事件有先後的時間關係、卻無實質活動關係的虛作業（dummy activity），緊接著得出重大路徑，而這些路徑突顯出那些在分

◆ 圖① 甘特圖

步驟（詳行動方案）	責任歸屬	一月	二月	三月
1 要供應商承認問題	供應部經理			
2 減價談判	供應部經理			
3 設立庫存區	設備部經理			
4 建立新的記錄程序	生產部控制人員			
5 確保供應商同意新的安排	供應部經理			

配好的時程內完成專案所不可或缺的運作方式或活動。圖②為基本網絡的部分圖示。

為了協助管理者，我們或許能在有些場合下取得更加複雜的計劃技能——如運用電腦模型——尤其是我們必須在許多固定的假設或決定要素下處理大量的訊息，又或者必須評估替代性的假設時。接著我們就能制定計畫，以確保勞工與機器產能足以應付預期的產出水準。

如何確定優先排序

計劃涉及優先排序工作，這意

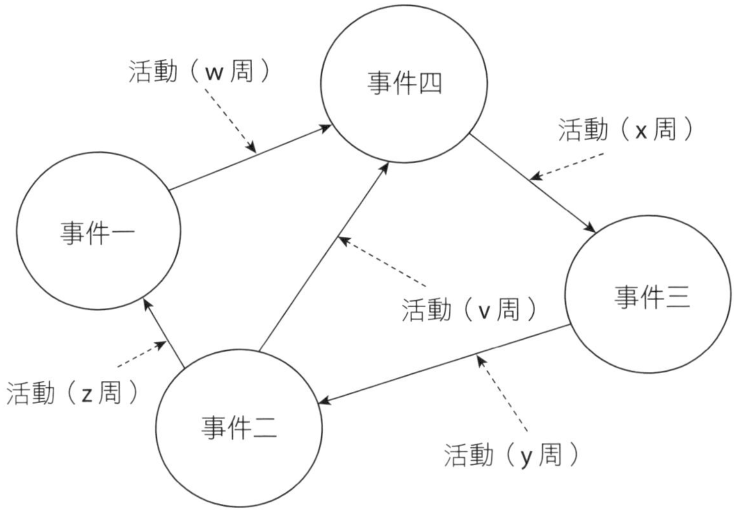

◆ 圖② 部分的基本網絡

味著決定各種需求或任務的相對重要性，如此一來才能決定執行的順序。管理工作不只零碎，還有突如其來、時間上又常相互衝突的需求，意味著你將持續不斷地面臨「何時做事」的決定。或許也常常會有你得要處理優先順序相互牴觸的狀況，除非你採用有系統的優先排序法，否則這可能讓人倍感壓力。

可按下列步驟找出優先排序：

1 列出所有你得做的事，可分為三大類：

- 諸如繳交報告、訪視顧客、檢視績效等定期職責；
- 來自管理者、同事、顧客、客戶、供應商等經由口頭、電子郵件、電話、信件或傳真所傳達的特殊要求；
- 諸如為新程序準備提案等自發性工作。

2 依據以下原則將清單上的每個項目分類：

- 就完成任務對你的工作（及聲譽），還有對組織、你的團隊或其他任何相關人士達成結果所造成的影響而言，有什麼特殊意義；
- 評估要你做這份工作，或者期待你產出什麼的那人之重要性：若是由執行長或重大客戶所設定的任務，不那麼重要的任務也可能被排在較高的順位；

- 任務的急迫性：截止日；倘若任務未能如期完成，將會發生什麼事；
- 任何可能展延截止日的機會：提醒起始、結束的時點及日期；
- 每個任務要花多久才能完成：留意任何經外界要求或強制執行，而無法改變的開始時間及完成時間。

除了你得完成的例行工作外，評估你還有多少時間完成任務，以及你握有什麼完成工作的資源，比如你自己的員工。

3 藉著參考上述第二點關於特殊意義、重要性和急迫性的標準，草擬暫定的優先排序清單。

4 評估將列好優先順序的工作時程排入空餘時間的可能性。倘若有困難，先把自己決定是優先的事放在一邊，然後專注在重要的任務上。針對你認為可能延遲的完成時間或交貨時間進行協商，倘若成功的話，再把該任務的順序往下挪移。

5 敲定優先排序清單，並據此排定你得做（或得叫別人去做）的工作時程。

像這樣要根據步驟一步步找出優先排序，像是一個難以對付的任務。但每當有經驗的管理者面臨到龐大的工作量或相互衝突的優先順序，他們幾乎都會下意識地——但有系統地——把這些步驟仔細檢視一遍。

很多人都只是在一周剛開始寫下「待辦清單」，或在心裡把以上五大步驟所描述的所有考量點快速想過一遍，然後把這些事情應該處理的順序記錄下來。

29 如何處理辦公室政治

辦公室政治——是好是壞？

根據《牛津英文字典》，要變得「政治性的」（to be politic），你可以是睿智的、謹慎的、明斷的、臨機應變的、工於心計的，又或者詭計多端的。因此，組織內的政治行為，可能會受歡迎，也可能會不受歡迎的。

組織內的個人表面上要達成共同目標，但同時也受到想要達到個人目標的需求所推動。有效管理是一種協調個人的努力及抱負，以達到共同利益的過程。有些人會真的相信，利用政治手段達到他們的目標，將使組織和自己雙雙受益；有些人會合理化這種相信；另外有些人則會毫無顧忌地追求自己的目的，他們可能會用盡全力說服同事，以正當化這些目的，但個人利益仍是他們主要的推動力。

這樣的人就是企業政治家（corporate politician），《牛津英文字典》對他們的描述是「精明的謀士、詭計多端的陰謀者或密謀人士」。組織中的政治家可能就像這樣，在背後操弄，阻擋他們不喜歡的提案。以他人為代價，讓自己更加出名、職涯上更上一層樓。他們可能會羨慕、嫉妒，並據以行動，也可能會帶來麻煩。

然而，可能也有人主張，在任何目標界定並不準確、決策過程並不明確、決策權力並不平均或妥善分配的組織中，透過政治手法進行管理是不可避免，甚至是受歡迎的。但可能會有少數組織並不適用以上一種或若干種情況。

當英國克蘭菲爾德大學（Cranfield University）管理學院的卡卡巴澤教授[1]（Andrew Kakabadse）就曾認同此觀點，在《管理政治學》（*Politics of Management*）一書中寫道：「政治是一種影響個人及人群接受你的觀點的過程，在這過程中，你無法倚賴權威。」就這層意義上來說，只要透過組織的觀點，認為最終的目的充分合理，那麼政治手段就可能是合法、正當的。

政治手法

卡卡巴澤明確指出辦公室政治家所採用的七種手法：

1 界定誰是利害關係人，即那些承諾要採取特別行動的人。
2 讓利害關係人感到舒適，專注在個人將會接受、容忍並管理的行為、價值、態度、恐懼與推動力上（舒適圈）。
3 符合形象：在舒適圈上使力，並使自己的形象與有權力者的形象一致。
4 利用關係網路：界定利益團體與具備影響力的人。
5 進入關係網絡：界定看守者，恪守準則。
6 談定交易：同意支持和你擁有共同利益的其他人。
7 隱瞞與退出：適度隱瞞訊息而不發布，然後在狀況棘手時明快地退出。

這些準則中，有些準則要比其它更加合理。當管理者涉及發展出新方法並把事情完成時，組織的日常就是需要由管理者來界定關鍵的決策者。在達到最後結論並於委員會或備忘錄中推出全新的提案前，測試人們的意見並找出其他人可能如何回應是很合理的。這個測試的過程能使管理者預期相反的論點，並修正他們的提案，以符合法定目標，或在毫無任何替代方案下接納其他人的要求。

談定交易或許看似並不特別受人歡迎，但這還是會發生，而且管理者總能藉著參考最終結果，去合理化這種行為。隱瞞訊息也非正當性的行為，但人們在認同「知識就是力量」之下，的確樂此不疲。明快地退出似乎也很值得懷疑，但管理者大多偏好擇日再戰，而非發動一場註定失敗的戰役。

政治敏感度

辦公室政治家會運用不為人知的影響力，好讓事情按照自己想要的方式進行，而且大多數的組織中都會有特定形式的「政治活動」（politicking）。倘若你想更進一步，那麼政治敏感度——清楚當今局勢如何，以致能夠運用影響力——就會是需要的。這意味著：

- 清楚「在這周遭，事情都是怎麼做的」；
- 清楚如何達成決策，包括可能影響決策但較不明顯的因子；
- 清楚組織內何處才是權力基礎：由誰運作；誰才是決策時重要的人；

- 明白幕後發生的事；
- 清楚誰是明日之星，還有誰的聲望正在下滑；
- 找出任何「隱藏的議程」：藉由取得「它們從何而來？」這問題的答案，試著去了解人們真正意指為何及其原因；
- 找出其他人在想什麼、追求什麼；
- 人際網絡：如卡卡巴澤所言，界定利益團體。

危險

然而，政治的危險在於可能執行過度，然後嚴重傷及組織的有效性。過度沉溺於政治行為的跡象如下：

- 背後中傷；
- 推諉卸責；
- 秘密會議與暗中決定；
- 人們與部門間的夙怨；

- 不同陣營之間書面或電子郵件的戰爭：透過備忘錄或信件爭論，一向顯現出懷疑的跡象；
- 各式各樣挖苦的評論與批評；
- 過度與適得其反的遊說；
- 秘密結社：花時間進行密謀的小圈子。

與辦公室政治家交涉

處理這種行為的方法之一，就是找出有誰涉入，並拿出他們所正造成的傷害與其當面對質。當然，他們將會否認自己並未有任何政治性的舉動（他們若是沒有，也成不了政治家），但他們遭到指認的事實，或許會促使他們修正自己的方法。沒錯，這可能只會導致他們更進一步地下化，而在這情況下，未來我們甚至得更密切地觀察他們的行為，並在必要時採取矯正行動。

為了讓政治操作維持在一個可接受的程度，比較正面的手法就是讓組織儘可能公開管理自己的營運方式。這麼做的目標，應旨在儘可能地確保議題經過充分辯論，組織也開誠布公地處理意見上的分歧，並且針對意見不合做出客觀的處理。然後政治的過程才能被視為是組織在作為一種制定決策、解決問題的複雜實體下，用以維繫動力的方式。

政治操作

在有些場合中，相較於直接的攻擊，微小的訴求將會帶來紅利，而且你偶爾得要間接地運用說服力，去說服那些支持你需求的人。以下個案研究為正當政治操作的範例。

個案研究

詹姆士・哈爾是某食品產業集團中的人事部主任。該集團擴張與併購的成長率一向非常快速，所以缺少真正優秀的管理者，集團的部門之間還有部門與總公司間的協調也不足。哈爾深信成立一個集團管理訓練中心會是個協助克服這些問題的好方法，但他知道，他得向大致會支持的管理部經理還有其它部門經理取得同意，而管理部經理在並未取得董事會的支持下是不會有所作為的。無論如何，哈爾真心覺得為不感興趣的人構建這種機構毫無意義。

因此，他靜靜坐著，縝密思考出一套策略，好讓大家同意他的提案。他很清楚正面迎戰可能會失敗。他的同事或多或少都把管理發展視為一種不切實際的空想，和他們身為主管所真正關心的並不怎麼相關。因此他得要採取更巧妙的手法。他並未把這稱作政治宣傳，但這其實就是這麼回事。他正著手間接影響人們。

這項計畫的基礎，在於對每一位同事採用個別的手法，並把這些手法調整到符合他們特殊的利益及考量。在行銷部經理的案例中，他先讓一般的銷售主管去倡導部門的業務人員有必要接受銷售管理的培訓，然後在飯店舉辦了幾場先修課程，再邀請行銷部經理參與閉幕式。他確定行銷部經理不僅因為部門的業務員從課程中學到了什麼，也因為培訓使大家對集團的目標與政策產生了嶄新的認同感，而感到印象深刻。人事部主管也會在無意間閃過「倘若集團擁有自己的訓練中心，這種投入感甚至可能更加深植人心」的念頭。

他對生產部主管也用上同樣的基本技巧。這將促使生產部經理認為，集團所擁有的中心能夠加速引薦新的概念，並作為與不在場的主要員工直接溝通的設施。

財務部主管則比較難以說服。他可能輕易就估算出成本，但卻發現很難接受「潛在利益」這麼主觀的想法。在這種情況下，詹姆士．哈爾不會太過努力想說服財務部主管違背自己的意志。他很清楚現在大多數的董事會成員——包括管理部主管——都支持這個計畫。對於放任自己的財務同事處於孤立無援且終將站不住腳的立場，他感到很安心。經其他董事會成員所理解並掌握的質化論點感覺就像真的，以致單純的量化論點無以匹敵。

哈爾為自己擁有充分的支持而感到心滿意足。為徹底實現目標，他打出了最後一張政治王牌，也就是警告行銷部與生產部主管，他們可能會遭到財務上的反對。

然後，他使得大家都同意這個論點，也就是他們不會讓「財神爺」採納財務部狹隘的見解來決定公司的命運。

哈爾輕而易舉地在下次董事會時讓他的提案通過。

不正當的政治操作

以下為不正當政治操作的範例。很不幸地，這種範例相當普遍。在大多數的組織中，都會有人想進行政治操作，而且對於怎麼操作不太有顧忌。倘若這涉及讓別人難看，那麼也就是這樣，他們並不以為意。

個案研究

一家公司裡有兩位主管雙雙渴望成為下一任的管理部主管。財務部主管葛雷深受現任管理部主管的器重。技術部主管懷特先生則相對與主管較疏遠。

懷特有一堆引進新技術的點子，而且讓他滿意的是，他已經證實這麼做會值回票價且相當成功。但很不幸地，為了搶在葛雷發表意見之前行動，他過早呈交給管理部主管一份論點不怎麼完善的文件。葛雷則小心翼翼地遊說管理部主管、懷特的這份提案漏洞百出，還暗示這就是懷特無法了解更廣泛商業議題的另一個實例。

管理部主管幾乎全盤接受了這個觀點，並同意了葛雷的建議，也就是這整份提案應從董事會下架、交付董事會的附屬委員會進行討論——一個眾所皆知用來扼殺或拖延新方案的機構。於是，提案就這麼被移交附屬委員會，引進新技術的方案也被不必要地拖延了一年半。但是，葛雷卻被主管認為是個務實的人，因為他不會讓公司涉足昂貴又不划算的專案。

注釋

1 Kakabadse, A(1983) The Politics of Management, Gower, Aldershot

PART 4

個人技巧

Personal skills

30 如何評估個人績效

為了成為更好的管理者，你必須了解自己表現得多好，也就是你的優劣。這是第三十一章所探討的自我發展的基礎。現代管理學之父彼得・杜拉克[1]就曾提出：「發掘你優點的唯一方法，就是透過回饋分析。每當你做出關鍵的決定或採取關鍵的行動，寫下你預期將會發生什麼。九或十二個月後，比較實際的結果和你當初的預期。」但整體評估你的優缺點，並按照以下方式全面檢視你的工作表現，也是很有幫助的方法。

自評問卷

我覺得我是怎樣的人	非常認同	認同	不認同也不反對	不認同	非常不認同
外向的，喜歡人群					

情緒穩定的					
容易沮喪的					
強而有力的，支配性的					
合作的，兼容並蓄的					
活力的，熱忱的					
嚴肅的，內省的					
有想像力的，有創意的					
乏味的，傳統的					
精明的，擅長外交的					
自信的，充滿信心的					
樂於改變的					
傳統的					
獨立的，個人主義的					
群體的，熱衷團體活動					
被動的					
放鬆不受拘束的					

檢視工作績效

應如下列所示，檢視你的工作還有你的工作表現：

1 就工作的關鍵成果領域——他們期待你所要做最重要的事——確認你很清楚自己的工作需要什麼。倘有疑問，找你的管理者問個明白。

2 找出他們期待你在每個關鍵成果領域達成什麼。期待應可定義為量化目標或績效標準的目標形式（質化說明什麼才構成有效的績效）。在理想狀態下，大家應已討論且同意將這些作為績效評鑑／管理流程中的一部分，但若情況不是這樣，要求你的管理者詳細說明他／她期待你達成什麼。

3 參考組織的能力架構。就你而言，與你的管理者討論他／她是如何詮釋這些能力架構中的內容。

4 固定每隔一段時間，如一個月一次，就藉著參考你的目標、標準與能力架構中的標題，來檢視你的進度。記下成果，若失敗的話也同樣記錄下來。分析優缺點，問問自己為何成功，或者為何失敗，然後能做什麼去堆疊成功，或者克服失敗。以此辨識出你能採取什麼行動、能在行為上嘗試做出什麼特定改變，或者需要進一步接受輔導、培訓或體驗。

5 在檢視邁入尾聲並和你的管理者進行評鑑討論前，回顧每次的期中檢視，還有曾決定採取的那些行動。仔細思考你在日常表現上，或者在任何特定領域中還須更加努力什麼，你才能夠回答你的管理者可能在評鑑討論之前或當下所提出的下列問題：

- 你覺得自己做得如何？
- 你最擅長什麼？
- 工作中有沒有讓你覺得困難的部分？
- 有沒有哪方面，會讓你因為接受更好的指導或進一步培訓而受益匪淺？

注釋

1 Drucker, P (1999) Managing oneself, *Harvard Business Review*, March/April, pp 66–74

31 如何取得進展

取得進展首先是要清楚你是怎樣的人，還有你能做什麼——如第三十章所描述的優點與缺點。

在這之後，才會有你能夠採取、將有助你取得進展的特定行動。有些行動很明顯，有些則不那麼明顯。你會如何執行這些行動，將取決於評估你身在何處，還有你能做什麼。你主要要做的事如下：

- 清楚你想要什麼；
- 展現個人特質，並表現出有助於你成功的行為；
- 逐步自我發展。

清楚你想要什麼

清楚你想要什麼是取得進展的關鍵。你要做以下八件事：

1 決定你想做什麼，然後著手進行。要深信心想事成，並據此採取行動。

2 為自己設立目標與截止日。彼得・杜拉克[1]曾言道：「人們會依自己設定的要求有所成長。」別過度承諾自己，對自己能夠達成什麼要務實一點。

3 追求卓越。羅伯特・湯森[2]曾言：「若無法做到卓越，那就啥也別做。」

4 著重在你能貢獻什麼。彼得・杜拉克[1]曾說：「詢問『我能貢獻什麼？』，就是找尋工作中尚未發揮的潛力。」

5 正確地優先排序。調整彼得・杜拉克的準則來辨識優先順序：

- 選定未來，對照過去；
- 注重機會，而非問題；
- 選定方向，而不隨波逐流；
- 目標放遠，旨在達到某件「將會帶來不同」的事，而非某件「安全」且又容易去做的事。

6 保持單純，專注。仔細思考你所有的任務，並刪除不相關的任務。先擺脫舊的活動，才展開新的活動。就如彼得・杜拉克[1]所說：「專注是經濟成果的關鍵……如今，人們卻不斷違反『專注』這個有效且基本的原則。我們的座右銘似乎是：『每件事都做一點。』」彼得・杜拉克如是說。

7 綜觀事務，卻不忽略重大細節：英國知名桂冠詩人艾德蒙・史班瑟（Edmund Spenser）曾在獻給伊莉莎白女王一世（Elizabeth I）的敘事詩《仙國女王》（*The Faerie Queene*）中寫道：「小不抵何以大地制定章程？[3]」有時需要穿透表面去找出隱藏的實際現況——即現場或實地探查。但要有選擇地這麼做。

8 適應改變中的需求。彼得・杜拉克[1]說：「行政主管倘若持續沿用自己以往成功的方法，那麼他幾乎註定要失敗。」

個人特質與行為

1 要有熱忱，並且表現出來。

2 創新、創造：想出新點子，並正面回應他人的點子。倘若你的點子不被接受，別感到悶悶不樂。用其它方式再試一次。

3 表達意願：沒有什麼要比一個人在被交辦事情時老是抱怨要來得更糟了。別說：「我怎麼可能去做這件事？」反之，馬上給出類似這樣的回應：「好，我正打算要做這件事。這也是你想要的嗎？」

4 正面積極：一如美國流行歌手賓．考斯比（Bing Crosby）所唱的那樣：「著重正面，摒棄負面。」

5 努力工作：取得進展的人都是努力工作的人，但他們不是因為工作的緣故而工作。「有效率」從來就不是你在辦公室待到多晚，而是你在辦公時到底做了什麼才重要。

6 妥善的自我呈現：生命不盡然是要給別人留下好印象，但你不妨確認一下自己的成就是不是為人所知，同時令人讚賞。人們倘若對於果斷、精準而且回答迅速的行政主管感到印象深刻，那麼為何不透過這種方式讓他們留下深刻呢？這麼做利多於弊。

7 充滿抱負：英國維多利亞時代詩人暨劇作家羅伯特‧布朗寧（Robert

Browning）曾說：「一個人欲達成的目標應要超越他一手所能掌握的，否則天堂的存在是為了什麼？」但別做得太過。別好似比較關心你未來的地位，而不關心當前的效率。

8 勇敢：敢於承擔預期風險，相信你正在做的事，同時堅守信念。

9 果敢卻不挑釁。

10 堅定、簡明地解釋清楚自己的觀點。

11 別說太多，也別過度承諾。把你想說的保留到對的時候。防患未然。別信口開河。奧地利哲學家維根斯坦（Ludwig Wittgenstein）曾言：「凡不可說的，我們都須保持沈默。」

12 學著處理壓力。你避不開壓力，且得與其共處。倘若問題紛至沓來、又急又兇，試著慢下來。放鬆並抽離片刻，讓自己有機會用正確的角度看待這個狀況。

13 倘若事情出了差錯，重振旗鼓，冷靜地接受失敗。思考一下你該做什麼，然後迅速地採取行動。沒有比這些情況下的活動來得更有目的性了。

14 讓人們信任你：你若從沒說謊、甚至從不隱蔽真相，而且不要政治手段、總是兌現承諾，那麼就能做到這點。

15 接受建設性的批評。

16 如同羅伯特・湯森[2]所說：「公開地，甚至是開心地承認自己犯的錯。」從不找藉口。你若犯了錯，承擔起責任與罪名。

17 仔細思考你在執行工作時，展露出自己的情緒智商到什麼程度，同時，你若正缺少在第三十二章中所描述的基本要求，那麼就要為此做點什麼。

自我發展

當你正尋求協助，並因能從管理者或組織獲得幫助而受益匪淺時，取得進展的最佳方式，就是靠你自己。透過自主管理或自主導向的學習，才會有自我發展。這意味著你會負責滿足自我學習的需求，以改善績效、支持你達到事業上的想望，或者強化你在當前組織內外的經驗。自我發展可能會建立在「藉著反映你的經驗且分析你該知道什麼、能做什麼，讓你辨識出需要學習什麼，如此一來就能表現得更加傑出，並在事業上更進一步」等這些過程。

自主管理學習的案例，也就是人們若能自己發現什麼，他們就能學會更多、留住更多。但他們或許仍須經由他人協助，以確定自己該找尋什麼。自主管理學習關乎自我發展，並將透過促進自我了解的自我評估而更進一步。

邁克・派勒及其同僚[4]建議依序採取以下四種階段的方式：

1 以分析個人工作及其生活狀態為基礎的自我評估；

2 透過分析學習需求與優先順序得出診斷；

3 制定行動計畫，明確目標、所需的協助與遇到的阻礙、所需的資源（包括人力）以及時程；

4 監督並檢視，以評估達成行動計畫的進度。

辨識發展的需求

你能運用第六章所描述的績效管理流程，透過自己或與上司討論來辨識自我發展的需求。這將包括在既定的計畫下檢視績效，並且評估能力需求以及你用以達到這些需求的能力。

因此，這項分析是基於你了解他人期待你做些什麼、有效執行工作所需的知識與技巧、已經達成的項目，還有目前具備的知識與技巧。倘若你所需的知識與技巧，和你目前具備的知識與技巧之間有所落差，那麼這就界定出發展的需求。這項分析向來都與工作，還有有效執行工作的能力相關。

藉著自我評估個人的發展需求，辨識出滿足這些需求的方法並據以行動的基礎，你就能透過工作得到更多滿足、在事業上更進一步，並且提升你的就業力。

界定滿足發展需求的方法

在決定如何滿足這些需求時，你應該牢記，這不僅是選擇適合的培訓課程而已。這些課程或許會構成你發展計畫中的一部分，但僅是很小的部分；其它的學習活動更重要得多。

發展活動的例子包括：觀察並分析他人做什麼（好的實例）；內部培訓媒體的規劃使用，如線上教學（使用電子化的學習教材）及學習圖書館；接受輔導；培訓課程；遠距教學——利用個人時間學習其它地方所備好的教材，如函授課程；引導閱讀；專案工作或特別任務；與輔導師共事；涉足其它工作領域；投入政策制定；提升工作專業度；參與社群；輔導他人。

個人發展計畫

個人發展計畫羅列出你為了學習、發展自我而打算採取的行動。你負責制定並執行計畫，但在這麼做的同時，或許會得到來自組織及經理人的支援。

個人發展計畫旨在推廣學習，並提供協助你將來事業更進一步的知識以及一系列可移轉（至不同領域的）的技能。

個人發展的行動計畫會根據以下列舉的標題，闡明該做什麼還有該怎麼做：

- 發展需求；
- 預期結果（學習目標）；
- 符合需求的發展活動；
- 發展的責任：個人未來要做什麼，還有將從管理者、人資部門或他人身上獲得什麼支持；
- 時間點：學習活動預期何時開始、何時結束；

• 結果：已舉辦過哪些發展活動，還有效果如何。

自我發展的十種方法

為了發展自我，你可以採取以下十種方法：

1 **撰寫發展日誌：**記錄你的計畫與行動。
2 **設定目標：**你想追尋的職涯方向，以及你在往該方向推進時所需的技巧。
3 **建立個人檔案：**你是怎樣的人、你對工作的好惡、你的志向。
4 **列出你的優缺點**。
5 **列出你的成就：**截至目前你表現優異的事，還有為何是值得列出的成就。
6 **列出重要的學習經驗：**回想你在什麼場合下學到了很有價值的事（這能協助你了解自己的學習風格）。
7 **詢問他人：**從他人角度了解你的優缺點，還有你該怎麼做才能發展自我。
8 **注重當下：**你目前的狀況，如你的工作、現有的技能、短期的發展需求。
9 **注重未來：**長期下來你想達到什麼程度，還有打算如何達標（包括你需要培養的技巧與能力清單）。

10 計劃自我發展策略：你打算如何實現你的抱負。

注釋

1 Drucker, P (1955) *The Practice of Management*, Heinemann, London

2 Townsend, R (1970) *Up the Organization*, Michael Joseph, London

3 譯注：經查梁實秋之《英國文學史》卷一（協志工業出版）書序，該敘事詩語體複雜，篇幅繁多，難以迻譯。另經譯者多方查證，台灣迄今未有該詩之完整譯文，爰引用北京時代華文書局於二〇一五年所出版之《仙后》中譯文。

4 Pedler, M, Burgoyne J and Boydell, T (1994) *A Manager's Guide to Self-Development*, McGraw-Hill, Maidenhead

32 如何培養你的情緒智商

情緒智商的重要性

為了成功，只具備技術能力還有高智商（intelligence quotient, IQ）並不足夠，情緒智商（emotional intelligence, EQ，簡稱「情商」）也是必備的。這種狀況很常見：某個具備多樣技術、專業或專門技能的人經拔擢為管理者，但卻失敗了。或許這有部分是因為無法就規劃、組織並控制資源的使用進行管理，但主要原因可能是身為同事或領導者的他無法處理人際關係，而這或許是出於個人並不了解自己的情緒亦無法體察與他／她相關之人的情緒所致。換言之，也就是情商不足。

情緒智商的組成要素

心理學家丹尼爾・高曼[1]（Daniel Goleman）所界定的情商有四大組成要素：

1 **自主管理：**能夠控制或重新導向引發混亂的衝動與心情，並伴隨著個人生氣勃勃、堅毅不拔地追求目標的偏好而調整自己的行為。與這要素相關的六大能力為自我控制、可信賴程度與誠實正直、自主決斷的能力、適應力（願意接受模擬兩可）、樂於改變，以及實現目標的強烈欲望。

2 **自我覺察：**能夠認同並了解你的心情、情緒、魄力與這些對他人的影響。這與三種能力相關：自信、務實的自我評估，以及情緒的自我覺察。

3 **社會認知：**能夠了解他人的情緒組成，具備依據人們的情緒反應而對待他們的技巧。這與六大能力相關：同情心、培養並留住人才的專業、組織的認知、跨文化敏感度、重視多樣性，以及對客戶與消費者的服務。

4 **社交技能：**擅於處理並建立人際關係，以透過他人獲取想要的結果並達到個人目標；能夠找出共通點並建立和睦的關係。與社交相關的五個能力為：領導力、引領改變的效率、衝突管理、影響力／溝通力、建立並帶領團隊的專業。

培養情緒智商

組織能做什麼

組織在試圖協助人們培養情商時，會採取以下步驟：

1 評估工作在情緒技巧方面的需求。

2 評估個人，以識別他們的情商程度：三百六十五度的全面性回饋（如取得同事、客戶或顧客、下屬還有其上司的回饋）可作為強而有力的資料來源；諸如「Bar-on 情商量表」（Bar-on Emotional Quotient Inventory，即『EQ-i』）的工具可被用來評估情商的程度。

3 判定是否準備就緒：確保人們已準備好提升情商。

4 鼓勵人們相信學習的經驗將令他們受益匪淺。

5 推動自發性的改變：鼓勵人們準備一份符合他們利益、資源及目標的學習計畫。

6 著重在明確的可管理計畫：須把重點放在立即、可管理的步驟；切記，培養新技巧是要循序漸進的。

7 防止再度犯錯：向人們呈現如何從不可避免的重覆問題中學到教訓。

8 提供績效回饋。

9 鼓勵練習；切記，情商不會在一夜之間就有所改變。

10 提出受歡迎的行為模式。

11 鼓勵和強化：營造出一種回饋自我提升的氛圍。

12 評估：建立健全的成果評量措施，然後依此評估績效。

你自己能做什麼

你的組織能提供很多協助，但你能為自己做的也不少。顧及到情商的本質，你能夠採取以下十種方式：

1 認識到唯有你自己，才能改善你所達到的成就。

2 藉著使用第三十章中所敘述的方法正式自我評量，以更加了解自己。取得「我在哪些方面的績效很好？」、「在哪些方面的績效需要改善？」和「該怎麼做，才能提升我（與他人互動）的情商技巧？」這類問題的答案。

3 以這項評估為基礎，拿出上述高曼的情商四大組成要素，並分析你自己的行為及其對他人所曾帶來的影響。回答以下問題：「我有多擅長自主管理？」「我自我覺察的程度？」「我社會認知的程度？」以及「我的社交技可以多有效？」

4 從你的上司、同事、下屬還有客戶那尋求意見回饋。試著找出你給他們的印象，還有他們認為你哪裡可以做得更好。

5 首先著重在你改善空間最大的行為面向，接著才著重在相當有可能改變的行為面向。別預期快速取得成果。改變行為很可能是一條漫漫長路。

6 參考特定的行為面向，而非概化後的結果。

7 可能的話，向輔導師、諮詢師或高階主管教練尋求協助。高階主管教練若是清楚自己的職責，就會特別有用。

8 充分利用組織所提供有關領導力、團隊合作和人際關係技巧這類的培訓或發展課程。

9 善用你的想像力，並耐心以待。你在追求改善時，未必輕而易舉就能達成。你要採取相當極端的手段，才會改變已經根深蒂固的行為習慣，所以你不得不承認，這是要花時間的。

10 藉著分析你個人行為及其所帶來的影響，並取得他人進一步的回饋，以監控你的進度。必要時，在取得回饋後調整你的發展計畫。

注釋

1 美國知名作家兼心理學家。Goleman, D (2000) Leadership that gets results, *Harvard Business Review*, March/April, pp 78–90

33 如何有自信

有自信，就是堅定地深信自己能把事情做好。英國心理學家暨管理作家楊洛[1]（Rob Yeung）把信心定義為「無論事情在當時看似多有挑戰，你都能夠採取妥當且有效的行動。」

有自信的人會正面對待他們所做的事，並樂觀看待他們面臨狀況時的處理能力。如美國歷史學家暨作家大衛・普雷斯頓[2]（David Preston）所言：「有自信的人，相信他們能夠變成自己想要變成的任何樣子，並且完成他們所選擇的任何事物。」他也指出自信是建立在：

- 自我價值：評估自己的價值；
- 能力：相信自己能達成的能力；
- 歸屬感：是否感到被他人所接受且尊重。

自信是學來的，是在童年、正式教育、工作及成人時期所培養而成。正面的經驗創造信心，負面的經驗則會削弱信心，必須妥善處理。如大衛・普雷斯頓所指出的：「你所已經學會的任何事物，不但能被重新評定，還能被嶄新、優越的學習所取代。」他還指出：「當你的言行舉止都充滿自信，他人也會這麼對待你，而這會強化你的行為，甚至讓你更有自信。」

培養自信的十二個步驟

1 著重在你能做好什麼，而非你極限在哪。

2 行為舉止充滿自信（即便你並沒自信），如此一來，人們就會相信你有自信。他們的相信，將會強化你的自信。

3 藉由大聲說話並改變你聲音的速度、音調及重音，來向他人傳達你的自信。正視他們的雙眼（但別試圖瞪著他們看）。

4 著重當下。別老想著過去，或者擔憂未來。

5 找出什麼對你管用、如何管用，還有何時管用。

6 認同、慶祝你的成就。

7 培養韌性。在挫折後重振旗鼓。如羅伯特・布朗寧所寫道：「跌倒時擦乾眼淚、一笑置之，然後快速站起來、重新開始。」

8 培養自信。你若相信自己能做某事，就辦得到；你若不信，就辦不到。

9 了解你將面對的挑戰，並根據自己的經驗，清楚你將如何克服。

10 設定自己的目標，然後努力研究如何達成。

11 如大衛・普雷斯頓所提出的，對自己說：「在我真正做到之前，已經先相信我做到了。」

12 分析有自信的人們的行為舉止。

注釋

1 Yeung, Rob (2011) *Confidence*, Prentice Hall Life, Harlow

2 Preston, David L (2010) *365 Steps to Self-confidence*, Howtobooks, Oxford

34 如何堅定自信

堅定自信與攻擊挑釁

堅定自信是：

- 在不違反他人的權益下，捍衛自己的權益；
- 用直接、誠實及妥當的方式表達你的需求、想望、意見、感受與信仰。

因此，當你堅定自信時，你並不會攻擊挑釁——亦即違反或忽略他人的權益——好讓你自行其是或主宰整個局勢。攻擊挑釁的行為會帶來以下其中一種反效果：對抗或逃避。換言之，攻擊挑釁不是滋生攻擊挑釁、使人毫無進展，就是迫使人們心懷不滿、心灰意冷地退讓。沉溺在這類行為，將無法獲得他人支持。

堅定自信的行為

堅定自信的行為讓你能夠適度影響人們，並且正面回應他們。堅定自信的表達有以下特點：

- 簡短且切入重點；
- 指出你並未畏縮地躲在某事或某人之後，而且藉著使用「我認為……」「我相信……」「我覺得……」等這類字句為自己發聲；
- 不會提出過多建議；
- 善用提問找出他人的想法，並測試他們對你行為的反應；
- 區別事實與意見；
- 表達起來正面積極，而非固執武斷；
- 指出你很清楚他人擁有不同的見解；
- 必要時會表達他人行為對你造成影響——以沉著、實事求是的方式，指出你因那種行為所產生的感受，並建議你偏好的行為；
- 禮貌但堅定地向人們指出他們行為的後果。

處理攻擊挑釁

倘若你正面臨攻擊挑釁，深呼吸、數到十，然後：

- 冷靜詢問挑釁者，是什麼激怒了他；
- 明確並再次冷靜地敘述你的立場；
- 直截了當地向挑釁者強調，你能從他們的角度看待事情，但同時也就事論事的解釋，你如何看待「他們深信什麼」和「你感覺現正發生什麼」之間的分歧。
- 倘若挑釁行為依舊持續，明確表達你的不同觀點或感受，但不要打斷挑釁者。當人們了解到你並未積極回應、自己的行為毫無進展時，他們通常就會說服——甚至是奮力說服——自己別再挑釁生事。
- 倘若其它方式都不管用，建議你暫時將事情擱在一邊，然後冷靜一段時間後再來討論。

影響方式

堅定自信代表著你要為自己的立場而戰，你得相信自己還有自己正在做的事，然後自信滿滿、毫不遲疑地表達這些信念。這和運用影響的技巧有關。

你能夠運用以下四種影響方式：

1 **堅稱：**讓你的見解更明確。

2 **說服：**利用事實、邏輯和推論呈現你的觀點；強調其優點（對組織或你所正交涉的個人有利）；預期人們對任何顯著的缺點提出反對，並訴諸於推論說明。

3 **結合：**擷取他人的觀點，顯現出你了解他們正試圖說明什麼；稱揚、讚美他們的好主意及建議，並融合雙方的見解。

4 **吸引：**傳達你對個人想法的熱忱，讓人們覺得他們全都是這項激勵人心的專案的一份子。

關於影響人們，第二十三章有更深入的探討。

35 如何堅決果斷

優秀的管理者堅決果斷，他們能夠快速判斷局勢，然後取得該當如何回應的正確結論。

要說某人「堅決果斷」其實是種讚美，只要大家都了解他所做的決定是有效率的。堅決果斷的第一要件，就是要清楚以下所概述的決策過程，同時你也應該熟悉下個章節所探討的問題解決技能。一旦具備這方面的知識，你就能採用本章最後所描述的方法。

決策過程的特徵

決策是有關分析狀況或問題，明確指出可能的行動方案並權衡利弊得失後，再定義偏好採取的行動。彼得・杜拉克[1]曾言：

決策是一種判斷，是一種替代方案間的選擇。這鮮少是正確與錯誤之間的選擇，頂多是「近乎正確」與「可能錯誤」之間的選擇——但又更常是兩種行動方案之間的選擇，其中沒有任何一種可能會比另外一種更近乎正確。

你不該期待，甚至不該樂於接受枯燥乏味的一致論點。最好的決策是從衝突的觀點而來。這也就是彼得・杜拉克的決策第一法則：「一個人不會在毫無任何異議之下做出決策。」你能從意見分歧中獲益，以防止人們落入「從結論開始，然後找尋支持結論的事實」的陷阱。

美國通用汽車（General Motors, GE）總裁艾弗雷德・史隆（Alfred P Sloan）就清楚這點。他在一次高階會議中表示：「各位，我就當作在場的各位全都同意這項決定了。」圓桌旁的每個人都點頭同意。「然後，」史隆先生接著說，「我提議我們把對此事進一步的討論延到下次開會，好給大家時間想出反對的意見，或許還能對於決策究竟是怎麼回事有些理解。」

堅決果斷的十個方法

1 **決策快一點**：傑克・威爾許在帶領奇異公司時常說：「在當今瞬息萬變的環境下，沒有什麼思考的時間，別拖延決定。把公文籃清空，才有空找出新的契機……別呆呆坐著。我保證任何一個呆坐的人終將一事無成。」

2 **避免延宕**：我們很容易把一封要求下決定的電郵歸類在實際上或內心裡待辦文件籃中「太過困難」的部分。避免用瑣碎的任務填滿自己的時間，以致你延宕處理重大問題的魔鬼時刻。現在就開始吧。一旦你著手進行，你就能夠按部就班的處理「決策」這種討人厭的任務；一旦我們開始處理，挑戰通常也會變得比較容易。我們並不想認為花五分鐘在這種事情上是浪費時間，所以我們繼續進行，並且完成工作。

3 **預期所未預料的事**：要抱持著必須果斷回應新局勢的心境。

4 **三思而後行**：這可能會造成延宕，但堅決果斷的人仍會運用自己的分析能力，旋即針對狀況的本質、該做什麼加以因應而達成結論。

5 **小心假設**：我們都傾向直接跳到結論，緊抓住支持我們案例的假設，並忽視可能與案例相互牴觸的事實。

6 **前車之鑑：**逐步建立起你在決策上的經驗；哪些方法最管用。但別太過倚賴之前案例，情況會變。上次正確的決定現在很可能變成錯誤的。

7 **系統化：**採用第三十六章中嚴謹的問題解決方法。這意味著明確指出目標——即你想達成什麼——界定用來判斷目標是否達成的標準、取得並分析事實、尋找原因而非著重徵兆、建立並驗證假設及替代的解決方案，且在目標及標準下評估行動的可能原因。

8 **討論所有細節：**在你作出重大決策前，和某個可能抱持反對意見的人討論所有細節，把他所提出的任何質疑納入考量（但你得快速徵求意見）。

9 **騰出再三思考的時間：**快速制定決策是極受歡迎的，但你必須避開直接反應，暫停幾分鐘，好讓自己有時間徹底地思考一遍你打算制定的決策，同時確認這個決策符合邏輯而且完全站得住腳。

10 **仔細思考潛在的後果：**美國麥肯錫管理顧問公司（McKinsey & Company）把這稱之為「後果管理」（consequence management）。每個決策都有後果，而且你應非常仔細地思考後果可能會是什麼，還有你將如何應對。決策時，最好從你打算結束的地方開始——定義最終的結果，然後找出達到這個結果所需的步驟。

注釋

1 Drucker, P (1967) *The Effective Executive*, Heinemann, London

36 如何解決問題

問題與機會

常言道：「沒有問題，只有機會。」當然，這並非放諸四海而皆準，但它確實突顯出：問題應該是促使人們正面思考現在該做什麼，而非相互指責。倘若出了差錯，人們應該分析出錯原因，以確保日後不再發生。只不過此事已成了既定事實，無法再改變。在面臨接二連三的問題時，你或許會感到困惑，大家都會。

提升技巧

要如何提升解決問題的能力？這裡有些你可以運用的基本方法。

提升分析能力

我們常能藉由把一整個複雜的狀況拆解為不同的組成部分，進而加以解決。這類的分析應與事實相關，但一如彼得・杜拉克[1]所言，當我們試圖去了解問題最根本的起因，你或許得從意見開始。即使你要求人們先找尋事實，但他們之後所找尋的，卻很可能是那些符合自己結論的事實。

只要意見能夠立即公開，並經過實際測試，那麼就是個絕佳的開始點。分析每個假設，然後挑選出需要研究並測試的部分。

瑪麗・帕克・傅麗德[2]在一九二四年所提出的「情勢法則」（law of the situation）——事實與事件的邏輯——會是最終準則。即便你或許會從假設開始，但在驗證時，你要運用英國作家吉卜林（Rudyard Kipling）六個忠實的僕人[2]：

我有六個忠實的僕人
（他們教了我所有我知道的事）
他們的名字是何人、何事、何時、何地、為何及如何。

運用想像力

一個恪守邏輯的答案，未必是最好的答案。運用水平思考法（lateral thinking）、類比法及腦力激盪，好讓自己跳脫既有軌道，並想像出全新方法。

簡單化

知名的奧坎剃刀（Occam's razor）是最早的邏輯定理之一。其描述「如無必要，勿增實體。」也就是總要選擇那些最簡化的論述。

執行

問題是在執行決策後才獲得解決。你不但要仔細思考事情如何完成（由誰完成、透過什麼資源完成、何時之前完成），還得思考此事對相關人士造成的影響，還有這些人將會合作到什麼程度。倘若你強制推行解決方法，人們就不會那麼願意合作。最好的方式就是事先安排，那麼大家就能共同得出一個人人都同意是這狀況的最適解（再次符合情勢法則）。

有效解決問題的十種方式

1 **定義情況：**確定哪裡出了錯，或者哪裡即將出錯。

2 **確立目標：**定義現在或未來要達成什麼，以因應狀況中實際或潛在的問題或變化。

3 **發展假設：**推測出是什麼引發這個問題的假設。

4 **取得事實：**找出「實際發生了什麼事」，並拿這與「應該發生了什麼事」的評估相互對比。試圖了解那些相關人士的態度與動機。切記，人們將會就自己的立場及感受（他們參考的架構）去看待所發生的事。取得內、外部的限制條件是如何左右情況的相關訊息。

5 **分析事實：**決定哪些與事實相關、哪些與事實無關。診斷出可能導致問題的單一原因或多重原因。別傾向著重在問題的表徵，而非根本的原因。驗證所有假設，挖掘出潛藏在問題背後的真相。

6 **指出可能的行動方案：**詳細說明每項行動方案涉及什麼。

7 **評估替代的行動方案：**評估人們有可能達成這些目標的程度、執行成本、可能出現的實際難題，以及利害關係人可能的反應。為此，我們可運用批判性評估（critical evaluation）的技能。

8 **權衡並決定**：決定哪個替代方案可能帶來最務實，且最能讓人接受的問題解決方法。這通常會是考慮周全、不偏不倚的判斷。

9 **計劃執行**：把所需的專案管理資源排入時間表。

10 **付諸執行**：監督進度，並對成功做出評價。

注釋

1 Drucker, P (1967) *The Effective Executive*, Heinemann, London

2 Follett, M P (1924) *Creative Experience*, Longmans Green, New York

3 譯注：取自吉卜林《大象的孩子》（*The Elephant's Child*），後人稱之為「6W分析法」或「5W1H」，中文通稱「六何法」。

37 如何創新

創新是組織的命脈。對一家公司或內部員工而言，沒有什麼比相信「老方法一定是最佳的方法」更讓人感到愚蠢。墨守成規的組織將無法存續。

創新需要「創意」、「清楚的思考」與「完成事情的能力」三者間的揉合，並需要思想者與行動者密切合作。高階的管理階層必須營造出一種氛圍，在這種氛圍下，管理者有機會發展出新點子，同時也具備執行這些新點子的資源。

因此，我們認為創新的專案成功與否，取決於兩大問題：組織的特徵與個別管理者的特徵。

組織的特徵

鼓勵創新的組織特徵有：

- 自由流動的資源，好讓主管在出乎預料的地方找到創新的點子，並促使他們結合起零碎的訊息；
- 部門之間密切且頻繁的聯繫，強調水平及垂直的人際關係，並提供資源、訊息與支援；
- 團隊合作及榮譽共享的傳統；
- 相信創新，且讓員工能夠取得必要資源的資深主管；
- 有能力並渴望抓緊機會、空出時間進行創新的管理者。

個人的特徵

為了成為有效的創新者，你需要：

- 一開始，就對你想達到的結果具備明確的觀點：你毋須太過擔心要從什麼地方開始達到成果。
- 明確定義專案的目標及好處。
- 循循善誘地極力主張這個專案，同時成立讓人信服的商業案例（見第五十一章）。

- 取得上司、同事和下屬對你的支持：你得要樹立聯盟，而且這聯盟裡，每個人都同樣深信這個專案值回票價。
- 勇氣：冒起盤算過的風險，並在難免產生挫敗時化險為夷。
- 擅長讓他人付諸行動：動員員工全面投入專案，意味著運用參與式的管理風格，讓部屬能和上司共同參與決策制定。
- 擁有調動支援、資源以達到成果的權力。
- 擁有處理干預或反對專案的能力：阻力可以是公開的，但它通常會以被動或隱蔽的形式存在，如批評計畫的細節、遲疑不決、延遲回覆要求，或者爭論專案之中時間與資源的分配。隱蔽的阻力會是最危險的。
- 具備保持幹勁的力量，尤其在對專案一開始秉持的熱忱已遭到消磨、團隊也涉入更單調乏味的工作之後。

38 如何進行甄選面試

甄選面試的目標

甄選面試提供了評估應徵者是否符合徵才需求所需的能力。如以下三大基本問題的答案：

1 這個人能勝任這份工作嗎？能否達到工作要求的標準？

2 這個人願意做這份工作嗎？是否很有幹勁？

3 這個人有多可能融入團隊？我未來能和他順利共事嗎？

甄選面試的本質

甄選面試應採取有目的性的對話形式。之所以是對話，是因為應徵者應被賦予自由地談論自我及職涯的機會。只是對話必須經過規劃、引導與控制，以在你所擁有的時間內達成目標。

身為面試官，你的任務在於引導應徵者暢所欲言，以確保取得想要的資訊。應徵者則應受到鼓勵，盡量說話——糟糕的面試官所容易犯下的惡習之一，就是說得太多。你得要規劃面試的結構，以達到面試的目的，並預先決定好你要問的問題，也就是那些將能給予你所需要用來準確評估的問題：

內容：你想要的資訊，以及你為了取得資訊所提出的問題。

接觸：與應徵者接觸並與其維持良好溝通的能力；建立起這種讓應徵者自由談話，進而顯露其優劣的和睦關係。

掌控：掌控面試的能力，這樣你才能取得想要的資訊。

這些全都需要你就內容、時間點、結構及問題運用等方面，仔細地規劃這場面試。但在這之前，得仔細思考由誰來進行面試，還有得為面試做好哪些安排。

準備面試

初始準備

你準備面試的第一步，應該是讓自己熟悉或者再複習徵才需求說明，因為該說明針對資格、經驗與個性，定義出你所想要的那種人才。在這個階段，我們也建議你準備好能對全部應徵者問的問題，以取得你需要的資訊。你若對每個人都問起某些相同的問題，就能夠比較他們的答案。

接下來，你應審閱應徵者的履歷、申請表或信件。這將識別出你該問起他們有關職涯，或在工作銜接之間從事什麼等等的特殊問題：「工作C和工作D中的間隔意味著什麼？」（你並不會直截了當地這麼問，換個方式會比較恰當：「我看到你在離開C工作與開始D工作之間隔了半年，能否告訴我這段期間你做了什麼？」）。

時間控制

在這個階段，你應該決定你想在每場面試花上多少時間。根據經驗法則，重要、專業或技術性的晤談通常需要四十五至六十分鐘。

中階的工作約需三十至四十五分鐘，比較例行的工作則可能用個二十至三十分鐘就夠了，但是時間安排取決於工作的性質，不可用草率的面試侮辱應徵者。

面試的內容

面試的內容可分三部分：面試的開場、中間過程和結尾。

面試的開場

面試一開始，應先讓應徵者放輕鬆。你希望他們能夠侃侃而談、回應提問，但你若突然積極地發問，他們就會感到很不自在。起碼先歡迎他們，感謝他們前來面試，並表示對這次晤談真的感到很開心。但別花太多時間談論他們怎麼來的，或者天氣如何。

有些面試官一開始會先描述公司還有工作。可能的話，最好之前就將簡短工作內容說明還有組織的相關事宜寄給應徵者，不要再在面試中提及。你若一不小心，就會在這個階段花上太久的時間，尤其是在應徵者顯然並不合適的時候更是。簡短的提及工作應該就夠了，我們可以等到面試結束時再詳述這個部分。

面試中間過程

面試的中間過程是你獲得應徵者訊息的地方，而這必須花上至少百分之八十的時間，只要留下百分之五的時間在開場、百分之十五的時間在結尾就好。你要在此時提出設計好的問題，蒐集以下資訊：

- 應徵者的知識、技巧、能力與個人特質符合徵才需求到什麼程度；
- 應徵者的工作經歷、抱負志向，以及他們有時在工作上的特定行為面向，如病假、曠職等。

面試結尾

面試結尾時，應給予應徵者詢問關於工作及公司的問題。這些問題通常能提供你「應徵者有興趣到什麼程度」還有「他們提出相關問題的能力」的線索。

你或許會想延伸一些工作的內容。倘若看好應徵者，有些面試官會在這個階段讚揚這份工作吸引人的特質。只要這些特質不致言過其實、太過誇張，那麼這麼做沒什麼問題。為了提供「實際預覽」（realisitc preview），面試官也應提及可能的缺點，如需要出差或者加班應酬。倘若應徵者顯然並不合適，那麼你能藉著提及也許並不吸引他們，或實際上並不符合應徵者的工作面向，策略性地協助他們淘汰資格。最好別過於詳述這些部分，通常只要這麼問就夠了：「這是這份工作關鍵的必備條件；不知你覺得如何？」在問完這種一般性的問題後，你可以更明確地問起：「你覺得，你具備這種經驗嗎？」還有「你（對這個工作面向）感到滿意嗎？」。

只要你看好應徵者，你應在這個階段提出最後的問題，像是可以詢問他們何時到職，以及可獲得的休假安排。

你也應要求他們同意你徵詢目前及過去的雇主。他們或許並不想要你去接觸前雇主，在這種情況下，你應該告訴他們，倘若要能通過面試、收到聘書，你需要先取得其雇主正面的推薦。確保你握有你所能接觸的人名，這是很管用的。

最後，你要告知應徵者接下來會如何。倘若他們在收到你消息前還需要一段時間，你應告知他們你會儘快通知他們，只不過會有點延遲（別做出你無法履行的承諾）。

正常而言，不該在面試結束時告知應徵者你的決定，這不是一種好的慣例。應該花時間反思他們適任與否，同時你也不想給他們留下一種驟下決斷的印象。

規劃面試

規劃面試時，特別是在面試的過程中，應思考一下打算如何排序問題。其中有兩大基本方法如下：

傳記法（biographical approach）

由於傳記法容易使用，而且似乎符合邏輯，所以可能是最受歡迎的一種方式。這種面試可按時間排序進行，先從第一份工作，若合適的話，甚至可以從在這之前的學校生涯（如大專院校）開始。

然後依序處理接下來的工作，最後才停在目前的工作（若有的話）。倘若應徵者已在目前這份工作任職了好一段時間，那麼就把大部分的面試時間花在討論這份工作上。但你若一不小心把傳記法用在換過許多工作的人身上，你可能會在較早期的工作上花上太多時間，留給最重要、目前工作經驗上的時間反而不夠。

為了克服這個問題，面試官可以採用替代式的傳記法，也就是從目前的工作開始、進行比較深入的討論，然後再回過頭來，問起一個個較早期的工作，但只著重在特別有趣或者相關的經驗上。

傳記法的問題在於這是可以預測的。有經驗的應徵者對此相當熟悉，他們會準備好自己的故事，同時粉飾其中的缺點，所以也有可能是靠不住的。你可能會因專注在一連串的工作，而非著重在顯現出應徵者能力經驗的關鍵面向，而輕易地遺漏重要的訊息。

標準法或目標鎖定法（criteria-based or targeted approach）

這個方法通常指的是有結構的面試，而且是以分析徵才需求為基礎。透過這個分析，你能篩選出未來用以判斷應徵者適任與否的標準，然後讓你在面試期間能夠「鎖定」這些關鍵的標準。你能夠決定你得問什麼問題，以引導應徵者說出有關他們知識、技巧、能力與個人特質的訊息，並與所擇定的標準相互比較，以評估應徵者符合用人標準到什麼程度。

這或許是一個聚焦在面試之中，確保你所取得的應徵者資訊可與徵才需求相互對照的最佳方法。

面試技能

提問

你所需學會並練習最重要的面試技能，就是提問。提出相關問題，以促使應徵者給予資訊性的回答，是一種人們未必具備但卻能夠培養的技巧。為提升你的提問技能，在面試結束時問問自己：「方才是否問對問題？」「向應徵者問得恰當嗎？」「是否讓應徵者侃侃而談？」

如下方所述，問題有許多不同的形式。藉由選擇對的問題形式，你就能讓應徵者敞開心胸，或讓他們明確說明，好給予你特定的訊息亦或延伸、澄清問題的答覆。其餘你所該具備的技巧，就是建立起和諧關係的能力，還有聆聽、維持連貫性、保持目光接觸以及做筆記。

主要的問題形式分述如下。

▲開放性問題

開放性的問題是用來讓應徵者開口說話最好的問題——讓他們暢所欲言。這些問題無法用「是」或「否」來回答，而會鼓勵應徵者給出完整的回覆。單字性的回答通常沒什麼啟發性。透過一、兩個開放性的問題展開面試，進而協助應徵者鎮定下來是個好方法。

我們可將毫無設限、請求回覆的問題或說法分述如下：

- 「請告訴我，在目前的職位擔任怎樣的工作。」
- 「你知不知道……？」
- 「能否給我一些有關……的例子？」
- 「在你的經驗中，認為有哪些方面能夠讓你勝任所申請的這份職務？」

▲探究性問題

探究性的問題係用來取得進一步的細節，或確保你正取得所有的事實。當問題太過普遍，或者當你懷疑應徵者可能並未透露更多相關的訊息時，你就會問起這類的問題。應徵者或許會聲稱自己做了什麼，而進一步找出他們究竟做了什麼確切的貢獻，這會是很有幫助的。

糟糕的面試官很容易因為不知變通地恪守著預先決定好的開放性問題清單，而在並未探究進一步的細節下，讓一個個普遍且不具資訊性的回答就這麼溜走。熟練的面試官則能夠調整他們的方法，以確保他們在取得事實的同時，仍掌控著這場面試、確保它準時完成。

以下是幾個探究性問題的範例：

- 你剛說你在……有過經驗。你能多談談做了什麼嗎？
- 你能否更詳細地描述所使用的機器設備？
- 針對操作機器／設備／電腦，接受過怎樣的訓練？
- 你覺得那件事為何會發生？

▲封閉性問題

封閉性的問題旨在澄清事實。我們所預期的回覆，將會是明確的單字或者簡短的句子。就某方面來說，封閉性的問題可以在不深入細節之下，探聽出簡潔的事實說明。當你提出封閉性的問題，你打算找出：

- 應徵者做過什麼，或沒做過什麼：「當時做了什麼？」
- 某事為何發生：「為何會發生那件事？」
- 某事何時發生：「何時發生了那件事？」
- 某事如何發生：「怎會發生那樣的狀況？」
- 某事在哪發生：「當時你人在哪裡？」
- 有誰參與：「還有誰涉入？」

▲能力問題

能力問題旨在證實應徵者了解什麼、其所具備並運用的技巧，還有他們能做什麼。這些問題可以是開放性、探究性或者封閉性的，但這些問題在提及知識、技巧與能力的同時，總會儘可能精準地著重在用人說明的內容。

所能提出的能力問題有以下幾種：

- 「你清楚……嗎？」
- 「你是如何取得這方面的知識？」
- 「你預期在工作中運用怎樣的關鍵技能？」
- 「目前的雇主會如何評定你在……所達到的技術水準？」
- 「你使用這些技能做些什麼？」
- 「你多常使用這些技能？」
- 「接受過怎樣的培訓，才培養出這些技能？」
- 「能否請你確切地告訴我，在……有多少經驗，然後是哪一類的經驗？」
- 「能否多談談你這方面的工作實際上在做的事？」
- 「能否說明你所做過、且讓你具備這份工作所需資格的工作類型？」
- 「能否多談談些由你操作／負責的機器、設備、流程或系統？」（訊息內容可以論及產出或生產率、公差、電腦或軟體使用、技術問題等面向）
- 「你所需處理最典型的問題為何？」
- 「能否告訴我任何你在過去得要處理突如其來的問題或危機的案例？」

▲毫無幫助的問題

毫無幫助的問題有兩種類型：

- 諸如「您在工作上最常用到的技能為何？它們是技術面的技能、領導技能、團隊合作技能，還是溝通技能？」的**多重性問題**（multiple questions）只會讓應徵者感到困惑，你可能僅會得到部分的回覆或誤導性的回覆。一次只問一個問題。
- 暗示你期待回覆什麼的**誘導性問題**（leading questions）也是毫無幫助的。你若問起「你就是這樣想的對吧？」這類的問題，就會得到「對，我是。」的回覆；你若問起「我把這當作你並不真的相信……？」就會得到「對，我不相信。」的回覆。這些回覆都將讓你一無所獲。

▲該避免的問題

避免可能被理解為因性別、種族、殘疾或年齡而產生偏見的問題。

▲十個有所幫助的問題

以下是十個有所幫助的問題，你可以從中挑選出任何和你所正進行的面試特別相關的問題。

1 「你目前工作最重要的部分為何？」
2 「你認為截至目前為止，職涯上最亮眼的成就為何？」
3 「最近在工作上成功解決了哪種問題？」
4 「從目前工作學到了什麼？」
5 「你在……的經驗為何？」
6 「您清楚……嗎？」
7 「你處理……的方法為何？」
8 「這份工作讓你最感興趣的為何？為什麼？」
9 「目前為止你已經聽了許多關於這項工作的事，那麼能否請你告訴我，在過去的經驗中，有哪些方面和這工作最相關的嗎？」
10 「關於你的職涯，是否有在這次面試中並未呈現出來，但你認為我該聽聽的其它部分？」

評估資料

倘若你已經成功完成面試，那麼你就應該擁有相關資料，好評估應徵者符合徵才需求中每個重點到什麼程度。你能藉著替應徵者在每個重點旁邊註記——「高於徵才需求」、「完全符合徵才需求」、「剛好符合徵才需求的最低標準」、「並未符合徵才需求最低標準」，以概述你的評估內容。並且廣泛地評估求職驅動力，如「很積極」、「還算積極」、「不怎麼積極」等等。

你也應從應徵者的工作經歷，還有你所取得有關他在工作行為表現的其它資訊中，得出一些結論。即便應徵者換了幾次工作，你仍應對穩定發展的職涯予以肯定。但應徵者倘若欠缺合理的理由，並在毫無進展之下不斷跳槽，那麼這可能會讓你懷疑，這名應徵者並不是特別穩定。別因為一次的挫敗，就給應徵者冠上任何罪名——人人都可能遭遇挫敗；遭到裁員也不可恥，因為這一直都在發生。但這種型態如果一直重覆，你就能合理地感到懷疑。

最後會有個需要小心處理的問題，那就是你是否認為，你將能與這名應徵者共事，以及你是否認為，他／她將會融入這個團隊。你必須非常小心地判斷你將會跟這個人處得如何。然而，你要是非常肯定你們兩人之間並不投緣，你就得把這種感覺納入考慮——只要你確定，你之所以對應徵者有這種感覺，完全是因為他在面試時的行為表現。但是，請注意以下面試官常犯的錯誤：

- 根據第一印象就直接跳到結論：應徵者或許很討人喜歡、充滿自信、外向熱情，而且這些特徵在某些工作中或許很重要，但人們在面試時所妝點的門面，可能會粉飾「經驗不足、導致工作失敗」之類的要素；
- 根據單一有利的證據就直接跳到結論：即「月暈效應[1]」（halo effect）；
- 根據單一不利的證據就直接跳到結論：即「尖角效應[2]」（horns effect）；
- 並未合理、客觀地在有利及不利的證據之間取得平衡；
- 證據不足就做出具體結論；
- 匆忙或急促地做出判斷；
- 因性別、種族、殘疾、宗教、外貌、口音、階級，或應徵者的人生經歷、機遇或職涯的任何方面都不符合你所徵求的人這類先入為主的觀念，而做出偏頗的判斷。

得出結論

相互比較你對每位應徵者所做出的評估。倘有應徵者在對成功來說至關重大的領域中未能及格，那麼你就應該拒絕錄用。每位應徵者須在每個訂定的標準下達到可接受的水準，你才能在這些應徵者間做決定，然後藉著參考他們在每個重點標題下的評估結果與工作經歷，針對誰最有可能成功而做出全面性的判斷。

最後，你在合格應徵者之間所做出的決定，也很可能是依據你主觀上的判定。最終是會有傑出的應徵者，但常常會有二、三位。在這種情況下，可能的話，你需要公平地看待誰才比較可能適合這份工作以及這個組織，同時具備長期工作的潛力。然而，別在絕望之下選了次優秀的那一位，最好再次甄選面試。

切記，持續紀錄你之所以這麼選擇還有拒絕應徵者的原因，應保存這些原因還有應徵文件至少六個月，以免他人質疑你的決定帶有歧視。

注釋

1 譯注：考評者受被考評者第一印象影響，美化其所有能力。

2 譯注：考評者受到被考評者過去的負面事件所影響，而忽略他們其餘的工作表現。

39 如何應徵求職

正如第三十八章所描述的，甄選面試有技巧，應徵求職也有技巧：留下正確的印象，同時用說服面試官「你就是適合這份工作的那個人」的方式回答問題。本章建議你在應徵時所採用的基本方法，將在沒人保證你會成功的同時，協助你提升求職成功的機率。這些方法是關於：

- 準備面試；
- 營造正確的印象；
- 回覆問題；
- 急流勇退，完美地結束。

準備面試

你在準備面試時所須牢記的第一件事，就是你起碼已經滿足了基本的徵才需求，否則他們不會邀請你參加面試。這會讓你有自信，以此為基礎充分規劃你的面試。你必須回答以下三個問題：

- **我得提出什麼，好讓我極可能取得這份工作？**你藉著徵人啟事，又或者理想的話，透過未來雇主所提供更詳盡的徵才需求，來研究你對這份工作了解多少，進而回答這個問題。這麼做應該會提供你一些有關他們正在徵求怎樣的人的概念。
- **我該如何呈現我的任職資格？**藉著準備一份六十至七十個字的簡短聲明，概述你得提供什麼、你的抱負為何，還有你為何想要這份工作，進而回答這個問題。這可能會是你整場面試的基準點，而你就能以這為基礎，更詳細地描述你的成就與經歷，同時解釋這些成就與經歷為何與這份工作相關。這類的聲明讀起來或許就像這樣：

我是一名經驗豐富的專案管理者，過去的業績表現，證明我在符合預算及規格之下，曾如期完成過多個專案。我所任職的公司與貴公司大致經營著相同的領域，我深信我在公司內的成就，足以讓我勝任我們所正討論的這個資深管理人的職缺。

- **針對某些典型的問題，我該如何回答？**比如說：

－你為何想要這份工作？
－談談你自己吧。
－在目前工作中最重大的成就為何？
－你的優點為何？
－你的缺點為何？
－你覺得能為這份工作帶來什麼？
－工作中你最感興趣的是什麼？
－告訴我你曾在何時成功地解決了工作上的重大問題。
－你未來的抱負為何？
－你的休閒興趣為何？

你應在聲明中略述回答這類問題的素材。你或許得要思考如何闡述，但別試圖背誦答案。你得讓自己看似即興，而且無論如何，你都無法確定面試官會用同樣的方式問起這些問題。

營造正確的印象

面試的第一印象很重要。面試官往往會（錯誤地）讓他們一開始對你的反應來影響爾後整場的面試。有人說，很多面試官在面試前三十秒就已經做出決定了。所以你得在一開始就好好地呈現自己。你能做的事包括：

- 穿著得體：整齊，但不俗麗；
- 自信地走進面試的房間；
- 堅定地握手，並帶有目光接觸；
- 提供非語言性的暗示，如微笑（但不是傻笑）、點頭回覆面試官、聆聽及回答時向前傾身；
- 儘量坐直身子，切勿駝背；

• 看著面試官，維持頻繁的眼神接觸。

打從一開始，你就要給人充滿自信的印象，這向來都是面試官所找尋的。然後整場面試下來，你回應問題的方式，應會透露出你對自己的能力，還有自己適合這份工作的自信。能越清楚地表達越好，千萬別油嘴滑舌。

回覆問題

好的面試官將會提出開放性的問題，鼓勵你多說，然後透露出你的優缺點。有些面試官則會說服人們放棄這份工作，所以小心一點，別過度闡述。儘可能地讓你的回答簡潔、明確，而且充滿自信。

使用正面積極的語言，並提供正面積極的訊息。你必須很有說服力地呈現自己的案例。你若在答案前加上了「我覺得」、「我認為」或者「可能」之類的前綴語，就會弱化自己的立場。但你若不斷地吹捧自己、老用「我」、「我」、「我」開始每個句子、顯得過於自誇或自負，這也是很危險的。

雖然說起「我做的」比說起「我們做的」更強而有力，但可以藉著運用「我的經驗顯示我……」、「同事告訴我……」、「我的上司曾說過……」或「我曾領導的團隊能夠……」之類的說法，降低自己給人自負的印象。

面試中可能會被問及最詭詐的問題之一，就是有關自身的缺點。你無法聲稱自己毫無缺點（沒人會相信）。切記，對面試官而言，負面資訊比正面資訊更重要。雖然面試官經常問起你有些什麼缺點，但怎樣都只能承認缺點只有一個。

你所應採取的方法，就是回覆問題，而非回答問題，這意味著應掌控所釋出有關自己的訊息。為了闡述這個方法，回答有關你的缺點應該依循以下原則：

- 選定一個你人格或個性中的特質，而且顯然是真的特質；
- 延伸該特質，直到它變成一項缺點；
- 將它回溯至遙遠的過往；
- 呈現你如何克服了它；
- 確定它不再是個問題。

急流勇退，完美地結束

面試官常在面試結束後問起你是否還有其它問題。別擔心問起有關組織或工作雞毛蒜皮的小事，會讓面試官感到厭煩。反之，默默假定你已經取得這份工作，並問起「一旦（而非如果）我加入你們，我的優先順序會是什麼？」和「你們會預期我在第一年達成什麼？」這類正面積極的問題。

40 如何傾聽

好的作家和講者很多，但好的聽眾卻寥寥可數。我們大多會過濾他人對我們所講的話，以致我們只會聽進去一部分，而且常常還是我們想聽的那個部分。傾聽並不是一種許多人都會去培養的藝術，但卻十分必要，因為一名好的聽者將蒐集到更多資訊，與他人的關係也將更加和睦。好的傾聽所達到的這兩大效果，對良好的溝通而言是非常重要的。

人們之所以不會有效傾聽，是因為他們：

- 無法專心——無論出於什麼原因導致；
- 過於關注自我；
- 過於關心自己接下來要說什麼；
- 不確定正在傾聽的內容，或者為何要聽；

- 無法理解講者的重點或論點；
- 單純對於內容不感興趣。

高效的聆聽者：

- 專注於講者，不僅理解文字，也理解肢體語言。雙眼或手勢等肢體語言常會突顯出想要強調的意義，並使傳達的訊息栩栩如生；
- 迅速回應講者的重點——即便是表示你正在聽、鼓勵講者繼續下去的嘟噥聲也行；
- 常常提問，以闡述意義並給予講者機會換句話說或者突顯重點；
- 在不致中斷流程之下，評論講者的重點，以測試了解與否，並顯現出講者與聽者的觀點仍舊一致——這些評論也許會對講者說過的內容提供反思或予以總結，進而給予他／她機會重新思考或闡述提出過的重點；
- 針對關鍵重點做筆記。即便之後不會再提及這些筆記的內容，但這麼做對聚精會神有所幫助；
- 持續評估用以確認聽者是否理解，還有是否與會議主旨相關的訊息；

- 總是對講者所言的細微差異保持警覺；
- 坐著時不駝背：他們會向前傾身，透過口頭回應或肢體語言表現出很感興趣並且保持接觸；
- 準備好讓講者在最少的干擾下繼續進行。

41 如何溝通

人們都認同溝通有其必要，但卻都覺得很困難。如德國哲學家叔本華（Arthur Schopenhauer）的刺蝟[1]，都想相聚取暖，但讓牠們分開的卻是彼此的刺。

文字或許聽起來精準、看起來也精準，實則不然。溝通者及接收者間有著各種障礙，除非能克服這些障礙，否則訊息就會受到扭曲，又或者無從傳達。

溝通的障礙

聽我們想聽的

某人對我們說話時，我們聽到什麼或了解什麼，大多是基於我們個人的經驗與背景。我們所聽到的，是「我們的心」告訴我們他人說了什麼，而不是表面上聽到對方對我們說了什麼。我們對於他人要說什麼抱持成見，倘若說的並不符合我們的參考架構，我們就會調整到符合為止（第四十章已經建議如何傾聽）。

忽視相互衝突的訊息

我們傾向忽視或拒絕與我們自己信念相互衝突的溝通。倘若我們並未拒絕，就會找出某種方式扭曲並形塑它的意義，以使其符合我們先入為主的想法。

當訊息與目前的信念並不一致，接收者就會拒絕它的正當性、避免進一步接觸、輕易遺忘，並在他／她的記憶中扭曲自己所聽到的內容。

對溝通者的認知

要區隔「我們所聽到的」和「我們對說話者的感覺」是很困難的。我們也許會把不存在的動機歸因於溝通者。相較於我們不喜歡的人，我們比較可能接受我們喜歡的人所說的話——無論對錯。

團體影響

我們所認同的團體會影響我們的態度及感受。團體所聽到的取決於他們的利益。員工比較可能傾聽有共同經歷的同事，而非管理者或工會幹事等的局外人。

對不同的人來說，文字的意義也不同

基本上，語言是一種運用符號來呈現事實及感受的方法。嚴格來說，我們無法傳達意義——我們所能做的就是傳達文字。不要假設因為某事對你有特定的意義，它對他人也就會傳達相同的意義。

肢體溝通

當我們試著聽懂人們話中的意義，不但聆聽文字本身，同時也會使用其它傳達意義的線索。我們傾聽的不僅是對方說了什麼，還有是怎麼說的。會從所謂的肢體語言，如雙眼、嘴型、臉部肌肉甚至儀態，來建立起對他人的印象。

我們也許會覺得，相較於他／她所使用的文字，這些肢體語言告訴我們更多某人真正所說的為何。然而，錯誤解讀的機會也不少。

情緒

情緒會影響我們傳達或接收真正訊息的能力。在不安或擔憂時，所聽到的，似乎要比我們在安心、與世無爭時所聽到的更有威脅性。在憤怒或沮喪時，則很容易拒絕看似合理的要求或者好的點子。

劇烈爭吵時，人們很可能不是沒聽懂，就是嚴重扭曲許多說過的話。

噪音

任何干擾溝通的就是「噪音」。它可能是字面上阻礙人們聽到訊息的噪音，也可能是呈現出令人分心或感到困惑的訊息形式，同時扭曲或使意義變得晦澀不明的比喻性噪音。

規模

組織越龐大、越複雜，溝通的問題就越大。訊息需要呈報的管理或監督層級越多，其受到扭曲或誤解的機會也就越大。

克服溝通障礙

調整到接收者的世界

試著預測你所打算要寫的或說的，會對接收者的感受及態度帶來什麼影響。把訊息調整到符合接收者的字彙、利益與價值。留意訊息可能會因偏見、對他人的影響、人們往往抗拒他們所不想聽到的，而遭到錯誤解讀。

利用回饋意見

確認你收到了來自接收者的回覆訊息，並告訴你他們懂了多少。

利用面對面的溝通

可能的話，與人們對話，別寄電子郵件或寫信給他們。與人們面對面溝通才是你取得回饋意見的方式。你能根據他們的回應調整或改變你的訊息，也能用比較人性化且善解人意的方式傳遞訊息——這有助於克服偏見。

相較於書面上的斥責——這似乎一向比較嚴厲——你通常能用較有建設性的方式給予口頭上的批評。

利用強調

你或許得用許多不同的方式呈現訊息，好讓人們理解。一再強調重點，然後持續跟進。

使用直接、簡單的語言

這似乎顯而易見，但許多人在說話時塞滿了專業術語、冷僻字詞還有複雜的句子。

言行一致

溝通要先可靠，才會有效。沒有什麼比承諾要給全世界，但最後卻什麼都沒有來得更糟了。當你說你打算要做什麼，那麼就去做吧。下次人們才比較可能相信你。

利用不同管道

有些溝通得要透過書面進行，才能快速清楚地表達訊息，而且不致產生任何偏差。但若可能的話，還是透過口說針對書面溝通加以補充。反過來，口頭的簡要說明也應透過書面文字予以強化。

減少規模的問題

若可以，請減少管理層級的數目。

鼓勵人們在合理的程度下進行非正式的溝通。確保活動已經分類，以促進人們針對共同關切的事物進行溝通。

注釋

1 譯注：叔本華於一八五一年出版的《附錄與補遺》（*Parerga und Paralipomena*）一書中的寓言故事。一群刺蝟想在寒冷的冬天裡相互取暖，但會因身上的刺而傷害對方，所以必須保持距離。後被用以類比人和他人建立人際關係的情境。儘管出於好意，但人和人的親密關係常會伴隨一些對彼此的傷害，稱為「刺蝟兩難」（hedgehog's dilemma）。

42 如何進行有效的演講

管理者的工作通常包括在會議中進行正式或非正式的演講，並在大型會議或培訓課程中對群體發表談話。因此，為了能夠順利公開發表演講，你必須學會並培養這種必要的管理技巧。有效談話的四大關鍵有：

- 克服緊張；
- 充分準備；
- 良好的口語表達；
- 直觀教具（尤其是投影片）的妥善運用。

克服緊張

有點緊張是好事。緊張讓你有所準備、讓你思考、促進腎上腺素流動，進而提升表現。但過度緊張會破壞成效，必須加以控制。

過度緊張的共通原因包含害怕失敗、害怕看來愚蠢、害怕出錯、自卑感、恐懼作為講者獨自一人演講。為了克服緊張，要牢記三件事、力行六件事。

關於緊張要牢記的三件事

1 人人都會緊張。緊張很自然，而且基於上述理由，還是件好事。

2 演講的標準通常不高，你能做得比別人更好。

3 你是能夠有貢獻的，否則你為何會受邀演講？

關於緊張要力行的六件事

1 練習。利用你所能取得的每次機會公開演講。你越常這麼做，就會變得越有自信。請求人們給予建設性的建議，並加以行動。

2 清楚你的主題。取得你必須清楚解釋的事實、範本及實例。

3 了解你的聽眾。誰會參加？他們期待聽到什麼？想要獲得什麼？

4 明白你的目標。確定你清楚想達成什麼。倘若可以，想像一下每位聽眾將帶著某件他／她已經學會且將實際運用的新事物離開會場。

5 準備。

6 演練。

準備

給自己充分時間在兩方面預作準備。第一，留給自己許多可以放鬆的時間；早點開始思考：沐浴時、上班途中、除草時、任何你所能針對該主題自由發想新點子的地方。第二，給自己保留許多時間實際為演講做準備。準備有八個步驟。

1 答應演講

除非你清楚自己在這主題有能貢獻聽眾之處，否則別答應演講。

2 了解情況

透過以下方式，蒐集你演說的事實及論點：進行腦力激盪並寫下你所想到的所有重點；針對該主題廣泛閱讀；與同事及朋友聊聊；保存你可能必須論及的主題之剪報與檔案。

3 決定要說什麼

從定義你的目標開始。你的目標是要說服、告知、引發興趣亦或帶來啟發？接著再決定你想要清楚表達的主要訊息。採取「三項法則」（rule of three）。能夠一口氣就吸收三個以上新點子的人並不多。簡化你的演講，以確保你所想要傳達的三大主要重點醒目且明確。最後，選定最能支持你訊息內容的事實及論點。

別試圖做得太多。講者所可能犯下最致命的錯誤，就是知無不言、言無不盡。選定內容，並運用「三項法則」予以簡化。

4 建構你的演講

好的結構至關重大。它不但前後連貫、讓你的想法易於理解、給予這場演講新的視角而不致失衡，同時最重要的，它讓你能夠充分說明你的訊息。

建構一場演講的傳統方法，就是「告訴聽眾你打算說什麼、開始說，然後告訴他們你說了什麼。」一如運用在注意廣度（**attention span**）上的「三項法則」，這也是一種行動上的「三項法則」。你的聽眾很可能只會聆聽你演說內容的三分之一。倘若你用三種不同的方式說了三次，那麼他們至少會聽到一次。

沒錯，學校都教導我們文章應該要有前言、主文還有結語，演講完全適用這個的原則。

先處理你演講的主文，然後：

- 在個別小卡寫下每個主要訊息；
- 依據每個主要訊息列出你想表達的重點；
- 透過事實、佐證和範例闡述這些重點，並引進局部特色；
- 依不同方式排列小卡，以協助你決定用什麼最佳方式帶來影響，並促成想法上的合理調動。

接著轉向你的開場白。你的目標應旨在營造注意力、引發興趣並且激發自信。向聽眾預告你打算說什麼，強調演講的目標，亦即他們將從中獲得什麼。

最後，思考一下你打算如何結束演講。一開始和結束時的印象都很重要。切記，急流勇退，完美地結束。

仔細思考你演講的長度、重點及連貫性。由於很少講者能讓聽眾專注很久，所以單一演講別超過四十分鐘，二十至三十分鐘是比較恰當的。聽眾在一開始通常都會很感興趣（除非你的開場一團糟），但興趣會逐步遞減，直到他們了解到你的演講即將邁入尾聲，他們精神就來了。因此，你的結論很重要。

為了讓聽眾始終保持專注，做出一個臨時的結論來強化你說的內容，同時最重要的，每隔一段時間就強調你演講的重點。

連貫性也同樣重要。你應該逐步建構你的論點，直到你得出正面且具壓倒性的結論。提出標示語、臨時結論，並讓聽眾能夠自然地從重點A過渡到重點B。

5 準備筆記

根據準備好的內容做筆記。倘若你不使用投影片，就在小卡寫下筆記（主要訊息及輔助的條列式重點），好在演講時拿來參考。完整地寫出並背誦開場白及結語，以讓你能自信地開始與結束，這通常是個好方法。開場白與結語都應該簡潔扼要。

你若使用投影片（多數人都如此），投影片的內文應要符合你所想強調的主要重點，前提是內容不要太多（詳本章倒數第二部分），之後你才能印出完整大小的投影片，並把這當作筆記，需要的話，還能附上簡短易讀的註解。投影片也可當作講義。聽眾已經習慣這些講義，而不再期待一堆乏善可陳、無論如何都不會去讀的長篇大論。

在大型會議中，通常會預先分發講義，但因為聽眾可能會埋首於講義、不怎麼留心聽講，所以這可能會使講者有點不安。有些講者會堅持演說之後再分發講義，但會議顧問公司向來都不允許這麼做。在這些情況下，儘可能讓你所說的引人入勝、好讓聽眾專注聽講，這其實是操之在你。

6 準備直觀教具

由於聽眾只會吸收三分之一你所演講的內容——倘若真是如此——所以要藉著直觀教具強化你的訊息，一次吸引一個以上的感官。投影片雖可作為極佳的後援，但別做得太過頭了，形式上簡單就好。過多的視覺效果可能讓人分心，過多的文字或過度詳述的簡報內容則會干擾聽眾、使其感到乏味、難以理解（有關投影片的使用及濫用，詳見本章倒數第二部分）。

7 演練

演練極其重要。它讓你逐漸建立自信、協助你正確掌握時間，使你能夠潤飾開場白及結語，並且協調你的演講和直觀教具。

自行演練幾次，然後記下每個部份花了多久。要習慣擴充你的筆記，但別廢話連篇。千萬別完整寫下你的演說內容，然後在演練時逐字照念。這鐵定會帶來場矯揉造作、毫無生氣的演講。

練習大聲地演說——站起來，倘若那就是你即將演講的方式。有些人喜歡替自己錄音，但這很可能讓人倒盡胃口。你最好找人來聽你演練並給予建設性批評。接受批評或許很難，但這對你大有助益。

最後，試著在你即將發表演講的實際空間內演練，使用直觀教具，並找來某人坐在後方，以確定他聽得見你的演講。

8 確認並進行現場安排

確認聽眾可否看得清楚直觀教具，並確定你知道如何使用教具。測試投影機，向操作投影機的人簡要說明，並讓他們逐一試過投影片，以確認沒有問題。對於設備出錯，你已有所準備。你或許得在接獲通知不久，就在沒有設備的狀況下進行演說，所以你不應過度倚賴直觀教具。

在你開始演講前，確認你的筆記及直觀教具排序正確，而且觸手可及。沒有什麼比搞亂自己的演講，並無助摸索著下一張投影片來得更糟了。

口語表達

一旦準備周全，你就不會失敗，也不會垮臺。但你給予演說的方式，將會影響你所帶來的衝擊。良好的口語表達取決於技巧與態度。

技巧

你的**聲音**應讓後方的人聽得見。你若不清楚別人聽不聽得見，請開口問。否則萬一有人在你演講途中大喊「講大聲點」，這是很讓人分心的。改變你口語表達的速度、音調與重音。先停頓一下，才強調、突顯你的重點，之後再讓聽眾逐漸了解這些重點。試著與聽眾對話，避免生硬的口語表達，這也就是你萬萬不該「唸出演講」的原因之一。你若做你自己，聽眾也就比較可能支持你的觀點。

若能自然地**輕鬆一下**，這不失為一件好事。人們若覺得自己正在聽人說教，他們很容易感到無趣，但你千萬別講笑話——除非你很擅長。別因為覺得你得講笑話，就把聽眾給扯進來。許多有效且令人愉快的講者都是不講笑話的。

你的**文字**和**語句**應該簡短。

你的**雙眼**是你和聽眾的重要連結。看著他們，評估他們的反應，然後適應他們的反應。別因為人們看錶就感到苦惱；直到他們開始甩動手錶、確定錶是不是壞了，你才應該開始擔心！

僅在需要作出手勢或強調時才使用**雙手**。避免焦躁不安。雙手勿插口袋。

抬頭挺胸，自然、筆直地**站立**。站姿不宜輕便，做一名統帥，並讓自己看似如此。你若像隻籠中踱步的老虎，那麼將會讓聽眾分心，他們就會等著你被某件設備絆倒，或從講台邊緣跌落。

態度

放鬆，並顯現出你很放鬆，傳達一種默默洋溢著自信的氛圍。充分的準備與練習將伴隨著放鬆與自信。演說一開始，環顧你的聽眾，並對他們微笑。別對聽眾說教或自以為是地發表意見，他們將怨恨並且反抗你所說的。表現真誠與堅定的信念。顯而易見的真誠、對於傳遞訊息的堅信、積極的信念以及清楚表達訊息的熱忱，都比任何技巧來得更加重要。

運用投影片

多數講者都會倚賴投影片輔助演說。投影片很容易準備，而且因為其中使用條列式重點，促使講者發展出簡潔且容易理解的說明及論點，也讓製作講義變得容易。只不過濫用投影片則會呈現出許多缺點，並且可能會降低而非提升演說的影響力。以下是準備及使用投影片的十大守則：

1 別使用太多張投影片。由於投影片太容易準備，所以使用投影片很誘人，只不過一旦數量遽增，就很可能分散聽眾投入在你重點上的注意力（切記「三項法則」）。在一場四十分鐘的演講中，你應把投影片的總數控制在十五張以下或十五張左右——絕不超過二十張。至於較短的演說，投影片的總數則應按比例縮減。

2 別在投影片塞入過多的文字。講者應採取「六項法則」（rule of six）：每張投影片不超過六項條列式重點、每項重點不超過六個詞。將投影片的內容降到這個數目使得聽眾聚精會神、專心一致。

3 儘量放大字型大小（另一個讓字的總數降到最低的好理由）。試圖確保標題不小於字型大小三十二，然後內文不小於二十四。確認你無論選擇哪種背景，聽眾都看得見內文（黃色的內文在略微深藍的背景下格外醒目）。

4 相較於一堆文字，圖像反而較能說明事情的來龍去脈，因此只要有合適的內容就應使用圖表。圖表會打破演講，沒有什麼要比一連串全都是條列式重點的投影片來得更無聊了。

5 審慎運用投影片瀑布般依次呈現條列式重點的特效（自訂動畫／出現效果）。這麼做的好處，在於確定我們能夠依序處理每項重點，因而逐步強化其重要性。我們若一口氣呈現出整份重點清單，聽眾將傾向於整體閱讀，而非聆聽各項重點的內容。但這種方式也可能使聽眾感到無趣且分心，因此，把這個方法保留給必須個別闡述每項重點的投影片吧。同時，審慎地使用投影片的其它特效。在向觀眾呈現條列式重點的方式中，「飛入／飛出」的動畫特效的確帶來變化，但你若每次都用，加分的效果有限。你若想要建立圖表或流程圖來強調要點的次序，這也很有幫助，只不過做得太花俏可能會顯得凌亂，同時讓人困惑。使用「淡入／淡出」的動畫特效以呈現出雅致的變化，這也相當吸引人，但這麼做同樣可能只會讓原本蒞臨聆聽你的演講，而非看你示範投影片特效伎倆的觀眾感到分心。

6 別試著表現出太過滑頭或者油腔滑調。顧問在向客戶簡報時常會犯下這種錯誤。他們企圖藉著過於複雜的演說來征服聽眾，而台下的聽眾卻並未因此感到印象深刻。他們或許偏好演說者能在毫無投影片的輔助下，就清楚說明想表達的重點——這顯示出講者毋須訴諸直觀教具，就能表達自我。人們常會抗拒太過滑頭或者油腔滑調的演說。

7 投影片提供有用的筆記，但別只是逐項唸出那些筆記。你的聽眾很可能自問：「這個人只是告訴我自己就能讀的東西，那我聽他講有什麼用？」

8 播放一連串條列式重點的投影片並提供聽眾閱讀的機會，這有時是個好點子。然後你在必要時闡述說明，又或者更好的話，藉著鼓勵聽眾評論或提問，增加參與感。

9 別使用投影片內建的簡報模式，這往往顯示出講者想不出什麼新穎的東西可說。亦別使用他人投影片，你必須呈現自己的想法，而非他人的想法。

10 使用投影片（若沒投影機就用講義）進行演練，以確保你能在必要時詳盡說明，並指出你或許會讓聽眾讀取哪幾張投影片，之後再由你提問。你須對投影片的次序瞭若指掌。預備好串場的話並串接起投影片不失為一個好點子。一連串毫無關聯的投影片可不會讓人印象深刻。

結論

- 透過練習，學著成為一名有效率的演講者。把握每次機會培養你的技巧。
- 藉著準備和對技巧的了解控制緊張。
- 準備好就先贏了一半。
- 技巧可以協助你充分發揮人格特質與風格，別忘了它們。

43 如何撰寫報告

能在書面上清楚地表達自我並撰寫有效的報告，是身為管理者最重要的技巧之一。有時你正是透過報告這個媒介，才能向上司和同事傳達你的想法與建議，並且告知他們你目前的進展。

怎麼才是一份好的報告？

報告的目的，在於分析、解釋情況，提出計畫、並取得對計畫的同意。報告必須合理、務實、有說服力同時言簡意賅。

為了成為有效率的報告撰寫者，可以從某件值得訴說的事情作為開端。清楚、有創意的思考與解決問題的技巧都將有所幫助。你對意見與事實的分析還有對選擇的評估，應會為正面的結論與建議提供基礎。

撰寫報告有三大基本規則：

1 合理的結構；
2 運用平實的文字傳達你的意義；
3 牢記妥善、清楚呈現素材的重要性。

結構

報告應有前言、主文及結語。倘若報告篇幅很長，或者內文複雜，那麼也就需要結論與建議的摘要，也或許會有涵蓋詳細數據與統計的附錄。

前言

引言應該解釋為何要撰寫這份報告、報告的主旨、參考規約以及人們為何應加以閱讀，接著才描述報告所依據的資料來源。最後，倘若報告分成不同部分，就應該解釋，會如何安排並標示這些部分。

主文

報告的主文應包含已經蒐集的事實，以及對那些事實的分析，以此合理地診斷出問題的起因，最後一部分所包含的結論與建議則應以該項分析及診斷為基礎。報告中最常見的缺點之一，就是事實未必會自然地推得結論；另一個缺點則是事實並未支持報告的結論。

為事實與你的評述做出摘要。倘若你已經指出替代的行動方案，羅列出各別的好壞，但要清楚地表示自己偏好哪一個。別把讀者晾在半空中，不知所措。

典型的檢修報告會以分析當前的狀況開始，接著診斷狀況中任何的問題或缺點，並解釋這些為何發生，之後才提出因應問題的提案。

結語

報告的最後應羅列出你的建議事項，敘述將如何協助達到報告中已敘明主旨，或者克服任何分析研究所揭露的缺點。接著才解釋執行建議事項的好處及成本。下個階段則是提出具體執行計畫，亦即完整包含截止日及執行人員的工作方案。最後告知對方你想要他們採取什麼行動，如批准計畫或支出授權等。

摘要

在長篇或複雜的報告中，提出結論與建議的執行摘要是很有幫助的。這會讓讀者聚精會神，且能用來當作呈現並討論報告的議程。相互參照報告中相關段落及相關部分的項目非常有用。

平實的文字

名不正，則言不順；言不順，則事不成。

——《論語・子路篇第十三》

這個部分的標題是取自英國歐內斯特・高爾斯爵士（Sir Ernest Gowers）的《簡明寫作技巧大全》[1]（*The Complete Plain Words*）一書。這本書對任何有興趣撰寫報告的人來說，可說是必讀聖典。高爾斯爵士建議在毫不模擬兩可且不給讀者帶來不必要的麻煩下，最能完善傳達意思的方法為：

- 僅使用必要的文字表達你意思，因你若用起不必要的文字，可能會讓意思變得晦澀不明，並讓讀者覺得厭倦。尤其別使用過多的形容詞及副詞，在用單字就能表達清楚的情況下，別用拐彎抹角的詞句。

- 倘若熟悉和艱澀的文字都能同樣清楚地表達你的意思，使用熟悉的文字就好，因為如此較可能被人們所了解。
- 使用意思明確，而非模擬兩可的文字，因為前者顯然更能清楚表達你的意思；特別是在摘要的部分，你會偏好具體的文字，因為它們比較可能具備確切的意思。

你若遵循這些準則，將不致錯得太過離譜。

呈現方式

你呈現報告的方式，會影響報告的衝擊與價值。讀者應要能夠輕易理解你的論點，不致於陷入過多的細節。

段落應該簡短，且每一段落都應侷限在單一主題。你若想列舉或突顯一連串的重點，可製成表格或使用條列式重點。比如說：

薪資審查

藉由向管理者發布以下之作業要點，持續控管加薪的幅度：

- 在人人都能加薪之下，工資發放總額所增加的最大比率；
- 須給付員工的最大增加比率。

段落皆須編號，以便參照。有些人偏好將主要部分標示為1、2，次要部分標示為 1.1、1.2，然後再次要部分標示為 1.1.1、1.1.2 等等的編號系統。然而，這可能不便使用，而且讓人分心。一個同樣易於參照卻較簡易的系統，就是標示每個段落，而非標示每個標題為1、2、3……然後次段落或表單標示為1(a)、1(b)、1(c)……，接著倘若有需要，次段落則標示為 1(a)(i)、1(a)(ii)、1(a)(iii)等等（或使用條列式重點）。

運用標題引導閱讀的人即將讀到什麼，並協助他們找到閱讀報告的方式。主標題應為英文大寫或粗體，次標題則是英文小寫或斜體。

長篇報告可以附有索引，列出主標、次標及其段落編號（如表①所示）。

倘若你的報告簡短又切入重點，就能帶來最大的影響力。一再閱讀你的草稿，以刪去任何過多的資料或鬆散的段落。運用條列式重點簡化你的呈現方式，並簡潔、明確地表達清楚你的訊息。

別把報告的主要頁面塞滿大量難以消化的數字或者其它數據。總結一下主要的統計數據，並用標題明確而且精簡、容易理解的表格呈現。佐證資料則可納入附錄。

◆ 表① 報告索引

	段落
薪資管理	83-92
薪資結構	84-88
工作評估	89-90
薪資審視	91-92

注釋

1 Gowers, Sir E (1987) *The Complete Plain Words*, Penguin, London

44 如何建立人際網路

在當今頻繁流動且更為彈性的組織中，有越來越多人透過人際網路完成事情。人際網路亦即具有共同利益的人們之間鬆散的組織連結。在人們交流資訊、爭取支援且樹立聯盟時——取得他人同意行動方案並且共同行動、使其成真——就會產生人際網路上的互動。這會發生在常見的正式溝通管道之外，同時也是組織內部完成事情的基本方式——其確保非正式的組織有效運作。

組織內部的人際網路常是流動且非正式的。它們之所以存在是為了符合需求，一旦需求不復存在，人際網路就可能解散。唯有當那種需求再次出現，人際網路才會再度形成。人際網路可能由目標或利益雷同、必要時才會相互溝通或齊聚一堂的人們所組成，有時是在組織中正式成立的，如作為「知識管理」（knowledge management）方案的一部分，成立以交換、分享知識與經驗的「利益社群」（communities of interest）。

人際網路也可能存在於組織之外，同樣由志趣相投、交換資訊且私下聚會的個人所組成，或者經由正式設立，定期開會並且發布新聞稿。

為有效進行人際網路的互動，你能採取下列十個步驟：

1 界定或許對你有幫助的人。

2 若有機會認識對你有幫助的人，請好好把握。

3 清楚明白你為何想進行人際網路的互動：分享知識、說服人們接受你的提案或觀點、樹立聯盟。

4 清楚你能貢獻什麼：人際網路並不僅止於爭取支援，與志趣相投的人彼此之間培養知識、相互了解且共同行動，以致能夠合力完成事情息息相關。

5 表示有興趣：你若與他人交涉並加以傾聽，對方就比較可能想和你進行人際互動。

6 詢問他人你能否能提供協助，同時也要求對方協助你。

7 讓人們彼此取得聯繫。

8 私下進行人際互動，但在必要時召開正式會議，以取得同意並計劃行動。

9 努力與他人保持聯繫。

10 後續跟進：向人際網路的成員確認達成某事的進度，回頭參考你們曾經有過的對話，並與他人討論為了提升成效，可以如何發展或拓展人際網路。

45 如何有策略

人們常說，管理者若想取得進展，就得要有策略。但「有策略」的過程為何？為了回答這個問題，我們有必要了解策略及策略管理的意義，同時在了解這些之後，描述有策略的管理者都是怎麼做的。

何謂策略？

策略可以被定義為「界定使命感及方向感的持續性過程」，其旨在透過最有利的方式去結合組織的能力、資源以及可從外在環境取得的機會，並確保策略的不同面向彼此連貫而且相輔相成。

策略常被定義為合理、循序漸進的活動，其產出的結果是為組織的長期目標提供明確指引的正式書面聲明。許多人依舊深信如此，但事實不然。實際上，策略的形成，從來就不是某些作家所描述，或某些管理者所嘗試的那種理性及線性的過程。策略往往是零碎、漸進式，而且大多出於直覺的。它們會以「行動」和「反應」的方式回應發展中的局勢。這並不代表以下所描述的策略管理方法就是不合時宜或無法實現的。它或許不像有些人所想的那樣，是一種正式的過程，但它在持續評估你想達成什麼目標、如何達成，以及斟酌這樣如何能夠合乎組織的目標成就上，仍舊是很讓人嚮往的。

策略管理

羅莎貝・摩絲・肯特[1]所定義的策略管理目標，旨在「為了將來誘發出當前的行為」，並成為「為求改變而整合並使機制制度化的行為工具。」策略家主要關切的，在於界定出他們所正面對、更加廣泛的問題，並決定必須採取的一般守則，以處理這些問題並實現未來的業務目標。他們不致目光短淺、短視近利。

策略管理不但處理目的，還有手段。作為目的，描繪出一種「某事在幾年內看起來會是如何」的願景；作為手段，顯現出「人們預期未來將會如何實現那個願景」。策略管理即願景管理（visionary management），與建立並概念化「組織該往何處去、該達成什麼目標」的想法息息相關。但也是實務管理，才能決定組織實際上將會如何達成目標。這意味著此時此刻，就把事情做對、做好。

業務及管理者在當下皆須有良好的表現，未來才能成功。策略管理不僅關乎未來，也關乎整合目前的活動，使得在追求當前與較長程的目標下，活動之間得以相輔相成。

策略管理者

管理者在從事策略管理時，將會思考組織想要變成怎麼樣，並且能做什麼，以確保此事成真。他們將會展望自己正往何處去，看見「整體樣貌」，同時看穿當下的問題格局、眺望至更遠的未來，還有所做所為是如何支持他人的努力。但也將意識到，自己會以有助策略執行的方式，先負責規劃如何分配資源（人力及財力），其次才負責管理這些資源，以讓它們為公司所達到的成就大大增值。

想進行策略化管理要做的十件事：

1 了解業務及其競爭環境。

2 清楚業務目標與達成業務目標的計畫。

3 讓你所正進行的事與組織的業務策略保持一致。

4 明白你的目標，還有你將如何達成目標。

5 切記，正式的策略計畫並不保證成功；執行計畫才會帶來成果。

6 明白如何規劃資源的使用，以充分利用業務上的契機。

7 了解你能如何促進達成主要業務職掌的目標，並支援同事的策略性活動。

8 能夠預見較長期發展、設想選項及其可能結果，並選擇穩健的行動方案。

9 擺脫日常細節。

10 挑戰現況。

注釋

1 Kanter, R M (1989) *When Giants Learn to Dance*, Simon & Schuster, London

46 如何清楚地思考

清楚的思考就是符合邏輯的思考，是一種推斷哪個判斷源自於哪個判斷，同時從證據萃取出正確結論的過程。清楚的思考是分析性的：篩選資訊、揀選相關與否、建立並證實相互關係。

倘若你說人們符合邏輯，你便意指他們會合理地推斷——他們的結論能藉著參考佐證的事實而獲得證實。會避免缺乏事實根據且帶有偏見的論點、泛論及不相關的事物，一連串的推斷是依據相關事實而來，明確而不情緒化。

清楚的思考是一種解決問題、制定決策、呈現案例的邏輯方法，也是有效管理者的基本特質，但這並不意味著它是唯一的思考方式。英國心理學家愛德華・狄波諾（Edward de Bono）無庸置疑地為水平（即創意）思考（lateral thinking）——作為創新的管理者在除了較為傳統的垂直（vertical）或邏輯思考型態之外所採行的一種必要過程，提出了有力的論據。但邏輯法仍舊是基本要件。

優秀管理者更進一步的特質，在於能夠有說服力地主張自己的論點，並察覺出他人論點中的瑕疵。為了清楚地思考並嚴謹地主張，你必須了解：首先，如何從基本原則發展出見解或案例；第二，如何檢驗你的見解；第三，如何避免使用錯誤的論點，以及如何揭露他人的謬誤；最後才是如何一併把這些技能帶入批判性思考（critical thinking）的過程。批判性思考也是更好的管理者所需具備的基本技巧。

發展見解

規則一是「取得事實」，這是清楚思考的起點。事實須與考量中的問題相關。倘若要做比較，就要比較兩種相同的事物。趨勢必定會與恰當的基準日期相關，因此若要比較趨勢，就應使用相同基準。審慎地看待各種意見，直至取得佐證為止。避開表面數據的淺層分析。深入探究，勿把一切視為理所當然。篩選佐證，排除並不相關的。

你的推斷應直接來自事實。可能的話，你應顯示事實與結論間的關聯，並根據別處也有過類似的關係、可經證實且相關的經驗或資訊，對此進行合理說明。

你若能從事實演繹出一個以上的推論結果——這是有可能的——就應驗證每個推論結果，以證實哪個才是顯然在經驗佐證之下所得出的結果。口口聲聲說著「這顯而易見」或「這是常識」毫無用處。你必須練習實證管理（evidence-based management），亦即產出「證明推斷結果是合理的」證據，你還得弄清楚「人們對於你所根據的資料與經驗具備何種常識」這一類模糊的概念。法國著名哲學家笛卡爾曾言道：「常識是世間上最平均分配的日用品，因為人人都相信他獲得充分的供給。」

檢驗見解

英國哲學家蘇珊・史特賓[1]（Susan Stebbing）曾在《有效思維》（*Thinking to Some Purpose*）中寫道：「我們滿足於接受，而非檢驗任何合乎我們偏見的看法，還有那些滿足我們想望不可或缺的真理。」清楚的思考必須試著避開這個陷阱。

我們在發展見解或看法時，會歸納出我們所觀察到的（如個人的分析或經驗），並從那推論出所未觀察到的。我們也會參考證據，即他人的論述與經驗。

倘若你的見解或看法是基於特定案例所得出的泛論，那麼你應藉著回答下列問題予以檢驗：

- 調查的範圍是否足夠全面？
- 這些案例是否具代表性，或者你只是揀選這些案例來支持你的論點？
- 是否有還沒找到的矛盾案例？
- 正在談論的見解或看法，是否與其它同樣具備充分理由的看法相互牴觸？
- 倘若有任何相互牴觸的看法，或者佐證中有相互矛盾的項目，你是否已經根據最初的見解，對這些進行檢驗？
- 佐證或證據能否促成其它同樣有效的結論？
- 是否有其它要素未被納入考量，以致可能左右證據，因而影響結論？

倘若你的看法是根據證據而來，就應該檢驗證據的可靠性、相關性，以及是否合理地從佐證得出看法：也就是說，你的看法可以合理地從事實推論而出。

錯誤及令人誤解的論點

謬誤是造成推斷出錯，或令人產生誤解的一種不健全的論點形式。我們要避開或在他人的論點中找出的重大謬誤如下：

- 以偏概全（sweeping statements）；
- 罐裝思考（potted thinking）；
- 片面辯護（special pleading）；
- 過度簡化（oversimplification）；
- 得出錯誤結論（reaching false conclusions）；
- 丐題（begging the question）；
- 錯誤類比（false analogy）；
- 模擬兩可地使用文字（using words ambiguously）；
- 強詞奪理（chop logic）。

這些謬誤簡要討論如下。

以偏概全

出於對確定性的渴望，我們常會耽於以偏概全。之後我們為了說服對手，有時就會更高聲、憤怒地重覆這些以偏概全的論點。倘若我們總是強行這麼做，甚至能夠騙過自己。俗諺道：「歸納從不公平、從不明智，也從不安全。」但這句俗諺本身就是一種歸納、一種概論。科學方法是以歸納為基礎，倘若這些歸納的結果是由充分、相關及可靠的佐證妥善推斷而來，那麼就是有效的。

當歸納的結果是基於過度簡化事實或擇定有利於某一主張的案例，但卻忽略與該主張相互衝突的案例，那麼歸納的結果就是無效的。錯誤歸納的特有形式，就是主張「倘若有些A是B，那麼所有的A就一定是B。」，很常發生的狀況就是當人們所知道的是「有些A是B」，或者充其量是「A傾向是B」，就會直接說成「A就是B」。除非人們接納「有些」或「傾向」的字眼，否則這樣的論點是會讓人誤解的。

以下所考量的諸多謬誤都是不可靠歸納下的特殊案例，也就是不健全推理下最普遍的症狀。

罐裝思考

當我們主張使用口號及流行語，並以不正當的方式拓展立論時，就會產生罐裝思考。

當我們在提案或採取行動時，對於複雜的事務建立起自信的看法是很自然的，而把這些看法壓縮成一個短語或見解也是同樣自然的。只不過接受已經壓縮且讓我們免於思考的表達方式是很危險的，要先有自己的想法，才能接受這些表達方式。

片面辯護

倘若人們對你說：「人人都知道」、「這顯而易見」或者「這無庸置疑」，你就能夠確定，他們已經把自己所將宣稱的事視作理所當然。

在我們強調自己的案例時，都會耽於片面辯護，看不到可能還有其它見解、其它看待問題的方式。當我們無法把自己從個人的狀況中抽離，就會產生片面辯護。因為我們忘了在同樣的狀況下，他人會和我們產生一樣的想法，所以常常釀成大錯。

預防這種錯誤的方法，就是把「你」換成「我」。因此，我感覺得到你看不見你眼前所正發生的事；你感覺得到我看不到我方向燈的另一邊是什麼。當我所應用在你身上、看似穩當的規則，在你要求我把這應用在我自己身上時，看起來就沒那麼讓人滿意了。

沒錯，針對他人的見解思考太久會造成優柔寡斷。未必每個問題都有正反兩方，即便真的有，你最後還是得——而且通常要很快的——堅定地支持其中一方。但你在這麼做之前，加以確認，以防有其它見解或替代的方法有效可行，並納入考量。

過度簡化

過度簡化是罐裝思維或者詭辯的特殊形式，常以蘇珊・史特賓稱之為「非黑即白之謬誤」的形式出現，也就是犯下「在實際上根本劃不出清楚界線時要求劃出那條線」的錯誤。舉例而言，我們無法要求在理性及非理性，或在聰明及不聰明之間做出顯著的區別。不老實的對手或許會利用我們就快犯下這樣的錯誤，堅持要我們針對無法確切定義的事做出定義。

得出錯誤結論

最普遍的謬誤之一，就是建立起「因為有些是這樣，或者可能是這樣，所以全部都是這樣」的想法。某幾件案例的立論，就被扭曲成所有案例的立論。結論並未遵照前提。

這種謬誤最常見的形式，就是邏輯學家所說的「中詞不周延」（undistributed middle），其所指的就是由大前提、小前提，與結論所組成的傳統三段論（syllogism）中，中詞至少要在一個前提中周延。

有效的三段論採取下列的形式：

大前提：所有四足動物都是脊椎動物。
小前提：所有乳牛都是四足動物。
結論：因此，所有乳牛都是脊椎動物。
（中詞為四足動物）

也可呈現成：

大前提：所有A都是B。
小前提：所有B都是C。
結論：因此，所有A都是C。

這是符合邏輯的，也就是中詞周延。所有適用於A的也適用於B，所有適用於B的也適用於C，因此，所有適用於A的就一定適用於C。

無效的三段論會是採取下列形式：

所有乳牛都是四足動物。
所有騾子都是四足動物。
因此，所有乳牛都是騾子。

也可呈現成：

所有A都是B。
所有C都是B。

因此，所有A都是C。

這是錯誤的，因為即便所有適用於A和C的也適用於B，但它們與B的關係中，少了連結A與C的東西。

真正三段論法與錯誤三段論法的差別如圖①所示。錯誤的三段論法中，即便A與C都包含在B當中，但A與C可能是完全不同的，要把他們連結起來就超出了原有依據的範圍。A和B兩者與C相關，未必就意味著這三者彼此相關。在建構論點時，我們也常驟然做出「一些就意味著全部」的結論。

「結論超出原有的依據」也可能會呈現出「假設我們因為清楚結果（後果），所以也會知道成因（前情）」的形式。但這個假設也許

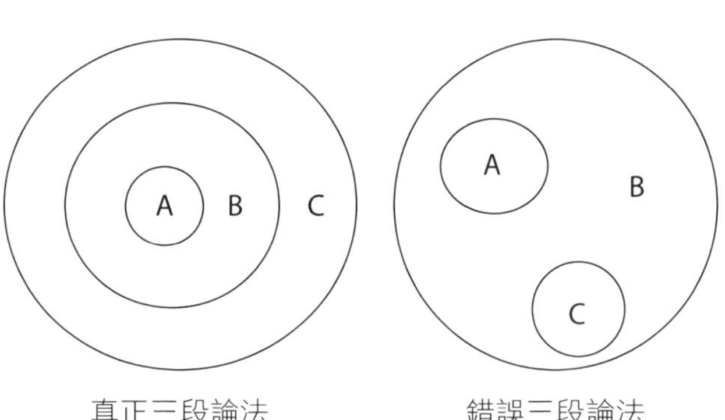

◆ 圖① 真正三段論法與錯誤三段論法的差別

並不正確。結果的成因可能很多。我們稱之為「後果的謬誤」（fallacy of the consequent）可以透過下列範例說明：

倘若她贏了樂透，她就會去西印度群島（the West Indies）。

她已去了西印度群島。

因此她贏了樂透。

即，若P則Q。

Q。

因此P。

但她除了贏了樂透之外，之所以去西印度群島的可能原因還有很多。只有在成因直接與結果相關，才能得出確切的推斷結論，所以以下論述才是正確的：

倘若她贏了樂透，她將會去西印度群島。

她贏了樂透。

因此，她將會去西印度群島。

即，若P則Q。

P。

因此Q。

由證據得出結論的進一步風險，在於我們忘記了案例可能會依情況而變。過去已經發生過的，未來未必會再發生，除非狀況一模一樣。你或許能從歷史推斷某事，但你無法仰賴這個推斷出來的結果——因為時代變了。

丐題

當我們把尚未證實的事視為理所當然，就會發生丐題（又稱乞求論點）。這會是採取「在缺乏充足的理由下，假定爭議的要點」的形式；邏輯學家稱之為「petitio principii」，拉丁文的字面意義為「證明其基礎」。

你若發現某人把一個並未涵蓋在結論中的前提視為理所當然，你就必須質疑這個假設，並要求某人提出這個結論所依據的前提之相關資訊，之後才能評估這個結論是否合理地由那些前提推斷而出。

質疑假設是清楚的思考不可或缺的一部分。你應質疑自己的假設，還有他人所做的假設。

錯誤類比

類比形成了我們大部分思考的基礎。我們注意到兩個案例在某些方面彼此相似，然後推斷出相似的延伸。類比也有助於了解不熟悉的主題。類比可以在毫無實據之下，被錯誤的用來作為鮮明的論點。只因為A是B（兩者都是常見的事實）並不意味著X就是Y（兩者並不常見，或者是很抽象）。當我們藉由類比提出主張，我們會聲稱，倘若：

X有P1、P2、P3和F的特質，

然後Y有P1、P2和P3的特質，

因此Y也有F的特質。

除非Y擁有和F並不相容的特質，否則這可能是正確的，但在這種案例下，這樣的主張是不完備的。

類比或許可被用以提出結論，但無法證實結論。我們可能會過於廣泛地運用類比，有時它們的相關性比實際上還要明顯。

你可藉著類比，運用你的論點協助支持案例，但別仰賴類比。別讓他人用牽強的類比就應付過去。這些類比應該經過檢驗，它們的相關性也應獲得證實。

使用模擬兩可的文字

英國邏輯學家路易斯・卡羅（Lewis Carroll）的方式——「當我使用一個字，它只意指我選用它所意指的，不多也不少」——是那些旨在欺騙的人最鍾愛的伎倆。人們使用丐題的文字，那也就是，他們使用一種支持自己論點的特殊方式，去定義文字。他們在不同的語境中改變文字的意義，或許選用彼此意義相同，但卻顯示出褒揚或貶抑的文字。

有句名言曾說「堅定」（firm）此字可經逐步貶抑（decline）如下：「我很堅定，你很倔強（obstinate），他很頑固（pigheaded）。」

強詞奪理

「反過來說，」八兩（Tweedledee）接著說，「有人說是真的，那也許是真的；假定那是真的，也可能是真的；事實上不是真的，就一定不是真的。這就是邏輯。」

——路易斯・卡羅《愛麗絲鏡中奇遇》（*Through the Looking-Glass, and What Alice Found There*）第四章〈半斤八兩〉（*Tweedledum and Tweedledee*）

強詞奪理並沒那麼糟，但它可能同樣會讓人誤解，其中的辯論伎倆如下：

- 選擇支持某一主張的範例，同時忽略與該主張相互牴觸的範例；
- 扭曲對手所提出的主張，轉而指向與原先完全不同的事物——曲解他人；
- 要對手證實他們並未堅持主張的事，使其加重負擔，進而轉移注意力；
- 刻意忽略爭議的要點；
- 在論點中引入不相關的事物；
- 重申遭到否決的事，而忽略堅持主張的事。

批判性思考

批判性思考是一種分析並評估想法、理論與概念的品質之過程，以證實它們有效、受到佐證及偏頗的程度。其涉及了反思、詮釋資料、得出可靠的結論並且辨別定義不明確的假設。這就是管理者在清楚、有目的地思考時所會做的事。

在這語境下的「批判性」並不意味著貶抑或負面。批判性思考有不少正面的運用，如驗證假設、證實見解，或者評估概念、理論或主張。每當人們權衡證據、做出判斷、解決問題或制定決策時，就會產生批判性思考，其旨在得出合理推斷的結論及解決方法，並在相關的條件及標準下加以驗證。批判性思考須具備以下能力：

- 識別問題，並建立起處理問題的方法；
- 蒐集並集中有關（相關）的資訊；
- 明確指出未敘明的假設與價值；
- 解讀數據、鑑定佐證資料並評估論點；
- 識別存乎於（或不存乎於）見解之間的邏輯關係；

- 得出可靠的結論，並做出有效的歸納；
- 驗證主張、結論與歸納結果；
- 藉著檢視、分析相關的證據重新建構想法或看法。

注釋

1 Stebbing, S (1959) *Thinking to Some Purpose*, Penguin Books, Harmondsworth

47 如何排解疑難雜症

無論你做什麼，事情有時就是會出錯。身為管理者，你常被要求去修正錯誤，或者配置其它人力為你完成此事。

排解疑難雜症需要評估難度的診斷能力、選擇必要的解決方法並決定如何執行的訣竅，以及施行解決方法的管理技巧。其可分為三大主要部分：計劃作戰、診斷與解決。

計劃作戰

即便你決定在不徵詢管理顧問的情況下親力親為，仍可以顧問為榜樣，仿效他們的做法。優秀的管理顧問將會採取以下步驟：

1 分析並診斷目前的狀況：發生了什麼，以及為何發生。

2 發展出問題的替代解決方案。

3 決定偏好採取什麼解決方案，敘述執行該方案的成本及好處。

4 界定進行的方法：如何執行方案、須符合怎樣的時程、由誰執行，還有借助什麼資源完成。你若偏好分階段執行，那麼就要明確定義這幾個階段，實施方案才行得通。

在計劃階段最重要的任務，就是定義問題，並且釐清目標與職權範圍。一個已被定義的問題，也就是一個已解決一半的問題，而且還是困難的那一半。倘若你採用分析法，你也很自然會這麼處理剩下的另一半。

一旦清楚問題所在，你就能定義你想完成什麼，並為那些正在調查的人——包括你自己在內——做好職權劃分的準備。羅列出問題本身，問題如何解決、由誰解決，要達成什麼還有在何時之前完成。所有與行動相關的人都應了解這些職權劃分的內容。

下一步就是規劃排除疑難雜症的工作。你要決定四大重點：你需要什麼訊息、從哪獲得訊息、如何取得訊息以及由誰接收訊息。擬定所需的事實清單，還有能夠提供這些事實的名單。切記，你將得處理意見與事實；所有資料皆受限於詮釋的方式。列出那些可能了解發生何事、為何發生，還有對於下一步該做什麼提出好點子的人。接著擬定你的實施方案。告知人們你需要資訊，時時提醒想和他們討論的特定重點，還有你預期他們已先思考過該主題**同時**握有佐證。

診斷

診斷意味著找出現正發生何事（亦即症狀），然後深入證實為何發生（亦即起因）。或許證據有很多，但嫻熟的診斷家會拆解事實，歸整出什麼與問題相關，然後一路抽絲剝繭，直到他／她揭露重大的訊息片段，顯現出問題的起因，並直指解決方法為何。

分析能力——能夠去蕪存菁——是診斷中的關鍵要素。這關乎於取得事實、讓每件事實經過嚴謹的審視，再決定哪個才是最重要的。

診斷過程中，得保持虛心，不應抱持成見，或者過度受到他人意見的左右。聆聽並觀察，但先別急著判定，直到你能對照全部的意見歸整出所有的事實。

同時，盡你所能地爭取那些相關人士的興趣與支援。你若能把他們正常所會抱持的恐懼和懷疑減到最低，那些與問題密切相關的人或許就會透露出不為你所知的想法與事實。

排解疑難雜症的確認清單

分析並診斷可能造成問題的要素——如人力、系統、結構與狀況。

人力

- 犯了錯嗎？如果是，為什麼？是因為員工本身資質不佳，還是因為受到不當的管理或訓練？
- 倘若管理方面出錯，問題是出在系統、結構或者管理者本身？
- 倘若工作人員資質不佳，為何一開始會被選上？

系統

- 出問題時，有哪些部分會歸咎於不良的系統或程序？

- 是不是系統本身出錯？是否設計不良或者並不合用？
- 或者，錯是出在操作或管理系統的人身上？

結構

- 組織或管理結構引發這個問題的程度有多大？
- 人們是否清楚外界對他們的期待？
- 活動是否合理歸類，我們才得以充分掌控？
- 管理者及監督者是否清楚自己有責持續控管，是否善盡職責？

環境

- 若有環境所造成的問題，超乎那些相關人士的控制到什麼程度？比如說，外部的經濟壓力或多變的政府政策是否已經造成有害的影響？
- 倘若有過外部壓力，是否難以預期，或者無法快速回應？
- 是否曾握有足夠的資源（人力、財力與物料），如果不，原因為何？

解決

診斷應該指出解決的方法。但這或許意味著，你仍得評估因應問題的不同方法。鮮少會有「最佳方法」，只有方案之間的選擇。你得要縮小方案的範圍，直到選定了整體來看比其它更好的那個。

你的診斷應已證實問題是出在人力、系統、結構或環境到什麼程度。不可靠的人或許是繼環境之外的另一個原因。倘若如此，切記，別沉溺於恣意批評。你的工作是要有建設性；培養人們，而非摧毀人們。

避免太過理論。把環境納入考量，包括手頭上現有處理問題的人之能力，倘若你有疑慮，也可以從他處調派支援人力。你的建議在某種程度上要是實際的，以致它能在可接受的時程範圍內結合現有的資源，相互作用。

你得清楚該做什麼，還有該怎麼做。評估成本及好處，並展現出好處多於成本。你得分配資源、設好時程，同時最重要的，賦予人們特定的職責完成工作。你的建議在某種程度上要是務實的，使得人們能在不受過度干擾，且能在為達成果所合理花費的金錢與時間範圍內，逐步推行這些建議。

當你針對個人分別究責，請務必小心。有些人也許明顯資質不佳、需要調職，但有些人也許只是管理不當、受到不良訓練或超乎他們掌控的惡劣環境下的受害者。在克服難題時，或許他們可以提供必要協助，摧毀他們的信心或想要協助的意願不是那麼明智。

運用管理顧問排除疑難雜症

羅伯特・湯森[1]把顧問描述為「借你的錶告訴你現在幾點，然後默默走開」的人。

不顧一切地找來顧問，實際上可能所費不貲又浪費時間，但顧問確實有他們的用處，會在診斷中引入經驗及專業，並且當組織內沒有合適的人時，可以作為你額外的幫手。同時，他們身為第三方，有時能夠「見樹不見林」、解決問題，或者鬆綁公司內部不幸因結構或管理限制而經常受到箝制的想法。

但你在考量聘請顧問時，應該了解一些規則，如表①所示。

◆表① 考量聘請顧問時的規則

可做的事	不可以做的事
・比較兩、三家公司的招標合約，不僅比較收費，也比較他們對你問題的理解與對如何處理問題的實質建議。 ・確認該公司的經驗，同時最重要的，確認正要執行任務的顧問的經驗。 ・謹慎地向該公司簡要說明職責劃分。 ・取得所提方案、總預估成本（費用與支出）與實際上將由誰執行這項任務的明確聲明。 ・與即將執行這項任務的顧問會面，予以評估。堅持定期召開進度會議。 ・確保任務的結果是一項你能透過自己，或在取得最少的進一步協助下予以執行的實際提案。	・別被油嘴滑舌、主要擔任業務員的當事人所哄騙。 ・別因名聲顯赫就鎖定大公司。它或許並不具備你所想要的特定專業。 ・對於資深的顧問，千萬別「來者不拒」。有不少行政主管充當顧問，卻完全不知如何執行，擔任有效率的顧問需要很多技巧。確認該公司是管理顧問協會（Management Consulting Association, MCA）的成員，或其主要負責人是英國管理顧問機構（Institute of Management Consultancy, IMC）的一員（僅適用總部設在英國的公司）。這些都對專業的身分提供保證。 ・不准顧問未經事先諮詢就更改方案。 ・別放任顧問自行其事，保持聯絡。指定一名員工與顧問聯繫，甚至與其共事。

注釋

1 Townsend, R (1970) *Up the Organization*, Michael Joseph, London

48 如何走出挫敗

即使是優秀的管理者也會在職涯中遭到挫敗，但最優秀的管理者會迅速走出挫敗，進而做得更好。以下是一些你如何應對命中挫敗的評論：

「一次次嘗試，一次次失敗。屢試屢敗，但即使失敗，敗得更精采。」

——愛爾蘭知名劇作家塞繆爾·貝克特（Samuel Beckett）

「對於發生過的事從不後悔。」

——英國幽默作家蓋伊·布朗寧（Guy Browning）

「越是困難，一旦克服，就越是光榮。」

——古希臘哲學家伊比鳩魯（Epicurus）

在擷取這些評論與其它想法的同時，為了走出挫敗，你能做以下十件事：

1 以前車為鑑。

2 你若犯了錯，分析自己如何犯錯、為何犯錯，還有如何避免再次犯錯。

3 著重在正面、積極的面向，並以你知道什麼、能做什麼、已經達成什麼作為基礎。

4 評估你的優點，並想出未來你如何能更有效運用。

5 評估你的缺點（但別老想著這些）還有你該做什麼予以克服。

6 雖然評估你的優缺點是件好事，但避免過度自省——採取行動為上。

7 針對你應採取什麼行動，向你所敬重的人尋求意見。

8 清楚你的目標為何，還有你將如何達到目標。

9 爭取他人支持你達成計畫。

10 了解到遭遇挫敗並不是世界末日。

49 事情如何出錯、如何修正

事情可能是因超乎你掌控的事件或你自身能力不足才會出錯，要任何人去承認他們能力不足是很困難而且很罕見的，這也就是事情最常脫節的原因。因此，了解之所以能力不足的成因，讓你能加以修正，這會很有幫助。

你也該了解第四十七章所涵蓋有關排除疑難雜症的內容，如此一來，你才能處理問題——無論問題是否因你而起。美國第二十六任總統西奧多・羅斯福（Theodore Roosevelt）曾言道：「於你所在之處，用你所擁有的，做你所能做的。」問題是，人們不總是採納這項建議。事情之所以出錯，是因為人們有能力卻不盡力、濫用他們的資源，或者選在一個不當的時機或地點這麼做，誤判形勢，於是採取錯誤的行動。

能力不足的研究

關於能力不足，曾經有過兩個非常有趣的分析，倘若加以研究，它們將提供你一些如何避免，或起碼把錯誤降到最低的線索。第一個分析是來自美國管理學家羅倫斯・彼得博士[1]（Dr Laurence J Peter）的《彼得定律：為何事情總是搞砸了》（*The Peter Principle: Why Things Always Go Wrong*）一書，第二個分析則是來自英國心理學家諾曼・迪克森[2]（Norman F Dixon）的《軍事無用心理學》（*On the Psychology of Military Incompetence*）。

彼得定律

《彼得定律》一書中，羅倫斯・彼得博士提出在階級制度下，人往往會想要晉升到超出自我能力的階級。這個不知為何看似悲觀的見解，是根據彼得博士自身的經驗，也就是體制會助長這種情況發生，因為它會灌輸人們，倘若現在的工作很輕鬆、很有效率，那麼就是這份工作缺乏挑戰、應該精益求精。然而，如彼得所言：「問題是，當你發現你做不好某事，你就正處在那個搞砸工作、讓同事感到挫折，並逐步損害組織效能的位置上。」

人們僅接受「彼得定律」為一種通稱，因為它反映出評估潛能時最基本的問題。我們清楚，或者我們認為我們清楚，某人很擅長他現在的工作。但這是否能夠預測他在晉升到下一個工作後也會成功？也許會，也許不會；但我們無法肯定，因為舉例而言，一流的科學研究專家所需具備的技巧，與研究團隊的領導者所得具備的技巧截然不同。技術能力未必顯示出管理能力。

▲打破彼得定律——為了自己

我們是否能夠打破彼得定律？答案是能，只是很難。人們通常不會拒絕升遷。他們若這麼做，便會成了嫌疑犯，因為大家原本覺得他們應該是堅毅果敢、勇於任事的。只不過，你一旦獲得拔擢，確認之後的職務內容涉及什麼應是完全合情合理的。有關他們期望你未來達成什麼、將給你什麼資源去達成，還有會面臨什麼問題等等，你都應該會取得確切的答案。你若認為這些要求並不合理，那麼討論一下這份工作，看看能否酌予修正。

除非你確信自己做得來，或者起碼能在可接受的期間內學著如何去做，否則別接下這份工作，詢問你一開始將接受怎樣的培訓與協助很合理。如果你職位的前一個人是失敗而離去的，你可以問問是哪出了錯，就能避免犯下同樣錯誤。

▲打破彼得定律——為了他人

倘若你所處的職位能夠給予升遷或提供新的工作機會，你就得了解彼得定律，還有如何巧妙地避開它。你必須比對潛在人選的能力及工作的要求，並在這過程一開始就運用必備的技巧深入剖析。這些技巧包括：

- **管理技巧**（Managerial）：讓事情成真、領導、啟發並激勵人們，建立團隊並培養士氣，協調並引導努力，有效利用資源，還有掌控事件以達到必要的結果。
- **分析技巧**（Analytical）：拆解問題，並想出「現正發生什麼」、「應會發生什麼」的正確結論。
- **技術／專業技巧**（Technical/Professional）：不僅深諳門道，也了解如何有效利用他人的知識。
- **溝通技巧**（Communications）：清楚表達你的訊息。

- **人才管理技巧（Human resource management）**：能夠說服、激勵人們並使其充滿熱忱；值得信賴，正直，專心致力。

當你擬定徵才需求，請按照每項標準評估潛在的人選，並取得任何你所能取得有關他／她目前工作績效的證明，以顯現出他們在這些領域的潛在能力。要求成功與失敗的項目，以及為何成功或失敗的訊息。

這個配對的過程應確認任何潛在的缺點，然後你就能討論這些缺點，並決定對方在輔導、培訓或進一步深造時所需的幫助。

在一開始的幾個月中，仔細地監看對方的進步。你的目標應是趁早察覺出危險的趨勢，如此一來，才能採取迅速的補救行動。

軍事無用

諾曼・迪克森表示，軍事無用有兩種基本類型。第一類包含了第一次英阿戰爭（Afghan war）的艾爾芬斯通（Elphinstone）將軍、克里米亞戰爭（Crimean War）的萊格蘭將軍（Raglan）、波耳戰爭（Boer War）的巴特勒將軍（Butler）還有新加坡戰役的白思華將軍（Percival），這些人溫和、勇敢且平和，卻在戰火下受到決策的拖累而束手無策。第二類則包含了像是黑格將軍（Haig）、霞飛將軍（Joffre）以及許多第一次世界大戰時的其他將帥。他們的特徵在於妄自尊大的野心，同時鐵石心腸、對於他人的痛苦毫無感知。相較於在決策時束手無策，他們非常主動，但卻是徒勞、奸險、狡詐、不實的主動。澳洲知名作家艾里斯德・曼特[3]（Alistair Mant）在其著作《值得我們效忠的領袖》（*Leaders We Deserve*）一書中，就曾援引克里米亞戰爭中因第一類無能的人（萊格蘭將軍）之權力高於第二類的某人（被當代譽為「馬首」的第七代卡迪甘伯爵〔Earl of Cardigan〕）而招致災難性的結果為例。

諾曼・迪克森列出軍事無用的要素如下：

- 嚴重浪費人力資源；
- 基本上信奉保守主義，依戀著陳舊的傳統或過往的成功；
- 往往拒絕或忽視使人不快，或與其偏見相互牴觸的訊息（如公司中老是說「好」的人）；
- 往往低估敵方；
- 優柔寡斷，並且容易放棄身為決策者的角色；

- 即便在極為不利的證據下，仍固執於已經分配好的任務；
- 無法利用已經掌握的局勢以及「轉圜」（pull punches）的趨勢；
- 無法進行足夠的勘察；
- 偏好正面抨擊，而且常是針對敵方的最強項（參考過去獲利市場中過度飽和的狀況）；
- 深信殘暴的武力，而非明智的策略；
- 無法利用意外，或者欺騙；
- 預先找好代罪羔羊；
- 禁止或扭曲從前線傳來、常被視為提振士氣或安全考量上必須的消息；
- 深信命運、運氣欠佳等神秘的力量。

在業務領導者及管理者的作為或不作為，都能找到以下這些例子：

- **浪費資源**：多數企業中員工的人數過多，高達百分之十甚至以上。
- **保守主義**：「那麼做向來管用。我們這二十年來一直都是市場龍頭，為什麼要改呢？」

- **拒絕令人不快的訊息：**「你剛說什麼我們的市占率下降？我不信；這些研究向來不準。」
- **低估敵方：**「這是什麼？Bloggs & Co 公司在我們這市場引進了一項新產品，然後你覺得它會和我們競爭？想太多了。那些沒用，成不了氣候。」
- **優柔寡斷：**「這部分我們得再思考一下。」「我需要更多資訊。」「有時我認為，你若把問題就這麼放在待辦事項中『太過困難』的部分，問題就會消失。」「對我來說，我們似乎有若干個替代方案。下周或哪時開個會，看看優缺點再說。」「這是董事會的事。」
- **冥頑不靈：**「別用事實混淆我。」「事情就是會那樣發展。」
- **無法利用局勢：**「好，你覺得我們投入市場預算就會超支，然後想要加速這個方案。但可別太過興奮，我們不得超出本身的支付能力。」
- **失敗的勘察：**「我不相信市調。」
- **偏好正面抨擊：**「Bloggs 公司在小產品的市場表現特別好。對，我知道我們對小產品一無所知，但我們很快就會了解的。要趕快踏入那個市場，然後扳倒他們。」

- **深信殘暴的武力**：「告訴工會他們可以拿百分之五，不然什麼都不用談……什麼是生產套件？不要鬧了。不是直接談條件，就是什麼都沒有……他們會出面？我不信。」
- **無法利用意外**：「我不喜歡耍人。直接開始吧……你認為我們若持續讓對手猜不透，就會有比較好的開始嗎？算了吧，我們比他們好得太多！」
- **找人頂罪**：「不是我們，是匯率。」「這個某某政府把我們搞砸了！」「我的周遭怎麼都是無能的笨蛋？」
- **禁止訊息**：「別告訴他們我們做得多好，他們只會要求錢越多越好。」
- **深信神秘的力量**：「我骨子裡就是覺得我們要做這件事。」

總結——事情為何出錯

事情出錯的主因有：

- 無法從錯誤中學習；
- 純因過度晉升造成能力不足；

- 遴選不當與訓練不足；
- 過度自信；
- 自信不足；
- 疏忽；
- 懶惰；
- 缺乏遠見；

你能做什麼？

你或許被迫去排解疑難雜症，一如第四十七章所示，但以下有其它你能牢記並且避免去做的事。

無法從錯誤中學習

牢記「凡事若有可能出錯，就一定會出錯」的莫非定律。錯誤是會發生，但兩次都犯相同錯誤，才是無法讓人原諒的。要藉由分析哪裡出了差錯——沒有藉口、沒有託辭——並註記下次要做什麼、不做什麼，而從錯誤中學習。

能力不足

你應藉著持續推動提升遴選與績效的標準，還有旨在矯正特定缺點的培訓與輔導，而把下屬當中能力不足的問題降到最低。

你若對自己的能力存疑，請分析自己的優劣，並把握每次能夠取得額外訓練且從信任的人獲取建議的契機。倘若仍不管用，請趁早退出吧。

遴選不當、訓練不足

你若在工作上選錯了人，他們就會表現不佳並且犯錯。你要確保有具體地指出在經驗、資格、知識、技巧與人格等方面想要的是什麼，而且不會勉強選用次優秀的。應有系統地規劃面試，以確認應徵者是否達到你所提出的每項徵才需求條件。藉由探究性問題，證實其經驗是否符合正確的類別與程度。詢問相關成就的細節。確認應徵者的職涯是循序漸進，而且毫無任何失敗的紀錄或讓人匪夷所思的斷層。與應徵者現任或過往的雇主通電話，以確認其所言有關工作、聘雇區間以及離職的理由，是否盡皆屬實。

你若無法提供適當的職前訓練或採取正確的措施去辨識並迎合個人的訓練需求，那麼他們若不適任，也就不應對此感到驚訝。我們已在第九章探討過培育員工的方法守則。

過度自信

這是最難根除的問題。英國皇家空軍（Royal Air Force）總是說，最容易出意外的飛行員，正是那些過度自信的飛行員。你對自己和自己的員工都要有自信。但你該如何控制得當呢？

由於你太過肯定你清楚所有的答案、毋須試圖去預知或留心意料之外的事，所以才會產生誤判，這是需要時間去了解或證明的。過度自信的人往往有隧道視野（tunnel vision，亦指人們目光短淺、以管窺天）——他們能夠看清隧道的末端，卻毫未留意隧道的兩側或更遠處所正發生的狀況。而且當他們看到隧道末端的光線時，或許並未意識到，那正是迎面而來的火車車頭燈。

自信不足

如果一個人基本上是有能力的，那麼就可以克服自信不足。缺乏自信的人經常需要有能夠突顯的成果以及鼓勵他們繼續保持的人來提供協助。導師能夠協助讓人們逐步發揮才能，審慎的政策也能讓員工不致突然面臨到在其得擔任的工作層級上令人望之卻步的落差。一開始先給予自信不足的人能力範圍之內做得好的任務，再循序漸進地增加要求，但僅限於他們所做得到的程度。

疏忽

這個問題很普遍，而且可能會因過度自信而發生，但我們都會在受到壓力或因自己認為這項任務比實際上來得容易而犯錯。很遺憾地，我們的名聲可能就會因相對細微的錯誤而受到損害，甚至被摧毀殆盡。倘若你呈交給董事會的報告中顯然有計算上的錯誤，那麼整份報告的可信度或許就會大打折扣，即便那個錯誤雖然明顯，卻不重要。千萬要在確認過每項數字及事實至少一次之後，才呈交報告或撰寫重要信件。可能的話，也要要求他人這麼做。

懶惰

沒人會承認自己懶惰。但懶惰的人的確存在，他們不是因為天生懶散，就是因為在組織中並未接受充分的領導，也並未賦予明確定義的角色。你若有員工很懶惰，請持續鞭策吧。懶惰是無法容忍的。

缺乏遠見

這是出錯最常見的原因。身為管理者的主要責任之一就是深謀遠慮，得試著預期所有可能發生的意外事件，並據此制定應變計畫。你不會每次都做對、做好，還可能發現自己偶爾會陷入危機管理。但你若曾思考過一些可能發生的意外事件，即便無法全數預測，起碼也會做好比較充分的準備。

注釋

1 Peter, L J (1972) *The Peter Principle*, Allen & Unwin, London
2 Dixon, N F (1979) *On the Psychology of Military Incompetence*, Futura, London
3 Mant, A (1985) *Leaders We Deserve*, Blackwell, London

PART 5

企業與財務管理

Business and financial management

50 如何講求效率

講求效率的管理方法著重在為商機分配資源，並充分利用它們達到必要的結果。講求效率的管理者了解下列狀況並據以行動：

- 組織的業務規則：其使命及策略目標；
- 組織的業務模型：完成業務的基礎（將如何達成使命及策略目標）；
- 組織的業務動力：推展業務的特徵；
- 組織的核心能力：業務的強項；
- 確保活動效率的要素，如獲利力、生產力、財務預算及控管、成本及利益、顧客服務與營運績效等特定議題；
- 業務上的關鍵績效指標（key performance indicator，簡稱ＫＰＩ）——對於達到高成效至關重大的結果——可被用於衡量達成目標的進度；

- 確保公司的資源——尤其是人力資源——因為珍貴、不可取代、未能完全仿效而創造出永續競爭優勢的要素。

51 如何成立營運企畫案

營運企畫案（business case）會羅列出提議的行動方案為何對業務有利、如何提供利益，還有預計花費多少成本。這個企畫案應是在附加價值的條件下成立（即該提案所產出的所得將會大幅超過所執行的成本），不然就是基於投資報酬率所成立（即投資的成本，比如說培訓，會因生產力提升等這類領域中的財務報酬而合理化）。

營運企畫案的基礎

很顯然的，當營運企畫案伴隨著實際的投資報酬估算，就會比較有說服力。資本支出的案例可藉由分析和投資相關的現金流，並且估算可能藉此產生的利益而成立。其旨在證明你今天付出了一筆定額現金，在經過一段時間後，你所收到的將會是一筆更大的金額。諸如還本期間（payback）、會計報酬率（accounting rate of return）、現金流折現法（discounted cash flow, DCF）與淨現值（net present value, NPV）等可使用的投資估算技能很多。你能夠根據回答以下問題，成立新的案例，以便開發新產品：

- 是否符合定義明確的顧客需求？
- 可在哪個市場區間銷售？
- 比起現存的競爭產品，可以在哪方面提供給顧客更多的價值？
- 是否足以與替代產品區隔？
- 有多符合現存的產品類別？
- 是否可利用公司既有的技巧與資源？
- 在發展、行銷新產品時必須投資什麼？
- 那項投資的可能報酬為何？

要在有些領域中產出令人信服的未來所得預估值很難，比如說合理化培訓的投資，而要在這些領域中成立營運企畫案可能更加困難，但你仍該試一試。在此一範例中，培訓的投資得到了合理化，因為它會：

- 就產出、品質、速度與整體的生產力方面改善個人、團體與公司的績效；
- 提供學習與發展機會、提升能力並強化技巧，員工就能獲得更高的工作成就感與回饋，並在組織內獲得拔擢，以吸引到工作能力較佳的員工；
- 拓展員工所擁有的技能範圍（多項技能），以提升營運的彈性；
- 鼓勵員工認同組織的使命及目標，以增加員工的投入；
- 更加了解為何變化，並提供人們適應新狀況所需的知識與技能，以協助管理變化；
- 提供部門經理管理並培養人們所需的技能；
- 協助在組織內建立起正面積極的文化：比如說，傾向於提升績效的文化；
- 提供較好的客服水準；
- 將學習成本降到最低（減少學習曲線的長度）。

強化營運企畫案

營運企畫案若能做到以下這些事，將更加吸引人：

- 能夠說服他人，呈現出投資報酬符合或超出公司政策所界定的金額，同時即時成本（immediate costs）將不致對現金流量造成有害的影響。
- 具備可能對組織營運的核心領域——客服水準、品質、股東價值、生產力、所得產出、創新、技能發展及稟賦管理等——造成影響的資料。
- 能呈現出將會如何提升企業的競爭優勢，如確保企業能透過創新及／或減少上市時間取得競爭優勢。
- 證實創意在組織內已經獲得妥善發揮（或許一如試驗計畫），或呈現出可能移轉至組織的「最佳實例」。
- 能在不太過麻煩下予以執行，如不需花上管理者很多時間。
- 呈現出公司是「世界級」的組織，以提升未來聲譽：即使表現得沒比這產業中的全球龍頭公司來得好，起碼也和它們一樣好（希望透過投稿專業期刊取得未來能見度；發布新聞稿、舉辦大型的會議簡報也有幫助）。
- 簡短、切題，同時論據充分：該企畫案的口頭報告不應超過五分鐘，而且摘要應寫在俗話所說的「單面紙張」[1]上（若要補充細節可放入附錄）。

製作企畫案

身為管理者，你得在簡報中闡明你的企畫案，以遵循書面營運企畫案的形式，又或者自成一格。你必須說服人們相信你的觀點並接受你的建議，為了做到這點，你得非常清楚你要什麼，還得表現出自己深信這點。此外，簡報的成效將取決於你在準備簡報時所投入的用心及努力。

準備

完善的準備至關重大。不僅得要思考該做什麼、為何該做，還得思考人們將會如何反應。只有到了那個時候，才能決定如何成立你的案例、在不低估成本的狀況下強調利益，並且預期反對的聲浪。你應該思考聽眾可能提出的問題、預先回答，或起碼把問題準備好。最可能提出的問題有：

▲內容

- 提案為何？

- 將會有什麼利益？
- 將會付出什麼代價？
- 該提案所依據的事實、數據、預測及假設為何？
- 替代方案為何？

▲原因

- 我們為何需要改變現行的做法？
- 為何這項提案或解決方法比替代方案更好？

▲方法

- 如何改變？
- 如何克服阻礙？
- 過去如何檢視替代方案？
- 我如何受到改變的影響？

▲人物

- 誰將受到改變的影響，還有他們的反應如何？
- 誰有可能最同意改變，或者最反對改變？原因為何？
- 誰將執行這項提案？

▲時間

- 這應何時完成？

▲為了製作你的企畫案，你需要做以下三件事：

1 顯現出企畫案是基於對事實的全面分析，而且是在妥善評估替代方案之後才達成結論。你若已做好假設，就得證明這些假設係以相關經驗以及容許意外狀況的合理估算為基礎，合情合理。牢記羅伯・海勒[2]曾說：「提案和其最弱的假設一樣有力。」

2 詳述利益：這企畫案是為了哪家公司或哪些人所成立的，便向其詳述利益為何。「正面」呈現你的企畫案。可能的話，用財經術語表達。類似顧客滿意度或員工士氣等抽象的利益則是難以被買單的，但別產出些「可疑的數字」——財務的正當性是經不起檢視的。

3 揭露成本。別試圖用任何方式掩蓋成本。務實些。倘若有人能夠指出你低估了成本，那麼你將會站不住腳。

切記，董事會想要確切地知道，他們將能從投資的資金獲得什麼。大多數的董事會都非常謹慎，他們非但不願意，而且往往無法冒上太大的風險。因此，成立實驗性企畫案或者試驗計畫是很困難的，除非董事會、委員會或個人能夠預見未來的利益與最終帳目為何。

企畫案簡報

提案常由兩階段組成：書面報告，接著是口頭簡報，後者的品質常會是聽眾贊成你（或反對你）的決定性因素。我們已分別在第四十二章及第四十三章探討過有效的演說及報告撰寫，但再留意一些你在公眾面前口頭發表企畫案時所應記住的特點更恰當：

1 簡報不應只是涵蓋與書面企畫案重覆的事實，而應解釋清楚主張的重點，同時省卻細節。

2 別假定你的聽眾已經讀過或者了解書面報告。你在說話時，試著避免論及報告，因為這可能會把人們的注意力從你正在說些什麼移至他處。利用直觀教具來強調重點——最好是掛圖。但別做得太過，因為這有可能過於華而不實。聽眾是要被你說服，而不是要被你華麗的直觀教具說服。

3 確保你的開場吸引到聽眾的注意，必須立刻讓他們對你的簡報產生興趣。一開始，先概述你的計畫、利益及成本，然後讓聽眾知道你打算如何一步步地發展你的企畫案。

4 提出缺點與替代的行動方案，如此一來，人們就不會疑心你有所隱瞞或遺漏什麼。

5 避免陷入過多的細節。簡潔且切題。

6 使用加強語氣的結語不可或缺，必須清楚傳達你想要董事會、委員會或個人做些什麼。

簡報有效與否，絕大部分是取決於你準備得多好——不僅清楚寫下事實、數據及主張，還要決定你打算在會議現場說什麼、怎麼說。企畫案越是重要，就越應仔細地演練簡報。

確認清單

- 你確切知道自己想要什麼嗎？
- 你真的深信自己的企畫案嗎？
- 你是否已經取得並確認所有支持你企畫案的事實依據？
- 支持你企畫案最強而有力的論點為何？
- 為何必須改變現況？
- 還有誰會受到影響？工會、其它組別或者部門？
- 反對你計畫的論點為何？
- 你的計畫有什麼替代方案？
- 你正向誰簡報計畫？你是否曾進行遊說？
- 你是否與專家討論過財務狀況？

- 你是否清楚，誰會是你可能的盟友，誰又會是你可能的敵手？
- 你是否準備過任何數據複雜的講義？
- 你是否討論過簡報案例的最佳時機？
- 當你初次想到點子時，那些想法都是很棒的，但它們會一直都這麼棒嗎？

注釋

1 譯注：取自英國首相邱吉爾於第二次世界大戰期間，要求第一海軍大臣在「單面紙張」寫下英國皇家海軍的備戰內容，後世多借指有效的書面內容應簡明扼要、言簡意賅。

2 Heller, R (1982) *The Business of Success*, Sidgwick & Jackson, London

52 如何準備營運企畫書

何謂營運企畫書？

營運企畫書（business plan）羅列出你或你的公司想要達成什麼，還有你們想要如何達成，以吸引到所需的投資。營運企畫書包括營收與利潤的財務估算，而這些財務估算，是基於涵蓋了營運或活動的規畫程度、其所將產生的收入，以及所需用以取得預期結果的投資之營運預測（business forecasts）。此外，營運企畫書也將針對如何達成上述結果，提供詳細且適量的訊息。

為何要有企畫？

當出現下列原因時，我們或許就必須準備營運企畫書：

- 說服某人或某機構——如銀行、財務公司或公司內部資深主管——投資你的公司或點子；
- 說服某人同你加入這項企畫；
- 協助銷售業務；
- 獲得補助或管制許可。

最重要的是，編製營運企畫書並以其作為參考基準，也能作為推動、管理營運的基礎。

該如何撰寫營運企畫書

營運企畫書的結構將依目的及所正處理的商業型態有所不同。我們依據英國獨立顧問布萊恩・芬奇[1]（Brian Finch）在英國科根出版社（Kogan Page）《企畫書一本通》（*How to Write a Business Plan*）一書中的建議，列出以下撰寫營運企畫書的代表性內容：

- 摘要；

- 公司背景；
- 提案；
- 財務估算；
- 有關市場、營運、財務、控制系統、管理與人事的輔助資料；
- 風險評估；
- 結論。

摘要

摘要應該簡短（不超過一頁），並給予不擅於閱讀長篇文件的人所需之基本訊息，以吸引注意力。你所要強調的重點包含營運的簡短描述、企畫的主軸（你想做什麼）、為何你相信這企畫會成功、所需的現金投資還有該投資的預期報酬。

公司背景

除非是新創公司，否則請描述公司的本質，如生產什麼或提供什麼服務、其市場、顧客、供應商與過往交易歷史的概述。

提案

提案是營運企畫書的核心，其羅列出：

- **你想做什麼：**這是一項明確的聲明，描述你預期達到多少項目，還有未來如何衡量成果的規模。
- **你何時要做：**企畫所涵蓋的期間，要是務實的計畫。一個延伸五年以上的企畫明顯太久，難以取信於人。約莫三年常是人們比較能夠接受的時程。
- **你想怎麼做：**描述你的行動企畫，具體說明你所將採取的步驟順序。
- **你為何相信你會成功：**這是提案中很重要的部分，旨在根據你將提供顧客什麼、他們可能的反應、競爭分析以及描述你在執行企畫時將能集中管理的資源，好為你的企畫建立起一個足以說服他人的案例，然後再透過計劃之後涵蓋財務、市場、營運、管理與人事、控制系統與風險評估的部分加以強化案例。
- **你需要什麼，來為企畫取得融資：**這詳細說明你將需要多少現金，還有何時需要現金。可以的話，在計畫中指出你目前所能取得的現金總額，因此你還需從一名或多名投資人身上籌得多少金額。這應是一筆務實的總額，不致太多也不致太少。

- **你的企畫所將產出的財務報酬：**這是一項總結的聲明，敘述投資人能夠預期的投資報酬，而之後的財務估算會詳述這個部分。

財務估算

企畫執行的時間若超過三年，就會需要財務預測（financial forecast）。應以年度來說明每項產品或服務團隊的預期銷售額、毛利或利潤（售出產品之後銷售收入與成本間的差額）。可以的話，在相同的標題下略述過去二、三年來的交易成果也很有幫助。這些估算值不應深入細節，只能在附錄予以詳述。

你有必要解釋估算值所依據的基礎，也就是你為何認為未來能夠達到這些銷售與毛利的數字。必要時，參考企畫中更詳細說明財務估算的其它部分，比如說行銷計畫。你也應該解釋受到產品組合的變化，在行銷、流線化生產或分銷上挹注額外資源或預期單位成本下降等等所影響的數字。

市場

這裡需要描述的內容有：

- 現有的客戶是誰、新客戶又會是誰；
- 客戶為何購買現有產品或服務，或未來為何購買新產品或新服務；強調任何將會說服現有客戶買得更多，或者將會吸引到更多新客戶的特徵；
- 目前市場規模；
- 這種市場規模下的趨勢：理想上，市場規模應會持續成長，但若市場規模停滯或縮小，就得顯示出你能逆勢而上、增加市占率或能在一打入市場就取得合理的市占率，以說服他人；
- 市場區位：地方、全國或全球；
- 競爭對手：他們是誰或可能是誰，在衡量市佔率後對手現有及潛在的競爭優勢為何；
- 為何相信你能持續取得競爭優勢，並借助你產品或服務的品質、成本、客服水準及獨特性，或在員工、技術運用、研究與專業養成及分銷系統的效能等方面的營運特色，擊敗你的對手；

- 你的訂價策略；
- 你的行銷計畫：銷售、促銷、廣告與分銷。

營運

概述公司內所採行的重要流程，以致投資人有信心這些流程將會支持你達成業務目標。流程的範例包括研發、生產、分銷、零售、批發、客服、服務維運、網路使用、廣告與促銷。指出你的市場評估與銷售估算是建立在嚴謹的市場研究與市場測試之上，並以這為基礎到何種程度。

管理與人事

簡述你與其他管理團隊成員的能力、經歷與成就，還有你們為何具備達成企畫的共同專業，同時概述關鍵成員的技能，以及他們為何將能促使企業成功。

控制系統

略述適合用以管理並掌控業務的系統，來說服讀者你能夠有效營運。該系統可能包括會計（編列預算與控管預算）、生產控制、服務水準控制、品管、銷售分析與控制，以及客服水準分析。

風險評估

建議你在企畫中彰顯出你清楚涉足的風險（沒人相信執行營運企畫不會涉及任何風險），以及打算如何管理。這顯示出你已從各大面向仔細思考過這個企畫。

結論

概要的結論必須包含正面表示這項企畫務實、可以達到，亦可作為替這項企畫的投資人產出可接受的報酬的基礎。

該如何呈現企畫？

企畫須給人們留下好印象，然後持續吸引讀者的注意力。為此必須清楚地呈現標題、副標題，以提供標示語、帶領人們把整個企畫內文看過一遍。企畫中除了簡短、清晰的句子，應一併訴說你將做些什麼、何時去做的具體行動，並且避免使用專業名詞。

企畫應以證據為基礎。最好應藉由可信賴、可證實的事實及數字輔助提案。一如布萊恩・芬奇在《企畫書一本通》[1]中所說的：

> 無論你做什麼，就是不要胡扯！閱讀有關市場、商機、專案歷史等等長篇大論但卻毫無實據的報告是很常見的。不論企畫內容寫得很糟糕或者很優美，只要一旦讓業務夥伴、部門主管或投資者在一開始就覺得無聊，並決定不採信這個不實的宣傳，他們就不會再對這份企畫書投注任何專注。

注釋

1 Finch, B (2016) *How to Write a Business Plan*, Kogan Page, London

53 如何編列預算

預算的需要

預算不會贏來朋友，但的確影響人們。從零開始編列預算可能會很痛苦，之後控管預算也可能會很折磨人。但預算確實把政策轉譯為財務術語，同時無論我們喜歡與否，那就是我們必須表述計畫而且最終控管績效的方式。

我們之所以需要預算，有三大理由：

1 顯現出企畫的財務含義；
2 定義達成企畫所需的資源；
3 作為評估、監測並掌握企畫結果的方法。

編列預算的過程

編列預算的過程包含以下步驟：

1 依據公司企畫和公司預測擬定預算要點，其中包括銷售及產出目標、預算必須滿足的活動水準、通貨膨脹還有成本及價格的假設。根據盈餘或財務貢獻制定相關政策，可能還要設定刪減預算的目標。

2 預算負責人準備好在每個項目下羅列出建議的初步預算支出。其必須合理說明為何調整先前的預算，且該預算為何與活動水準、通貨膨脹還有成本及價格假設中的變化不符。很自然地，其也得解釋為何無法一如預期目標刪減預算。

3 先由預算會計師，再由高階管理主管確認預算草案，以確保預算內容符合要點，並且合理說明任何支出的增加。

4 公司在重覆討論後也許需要修訂預算，且在修訂並批准預算後正式向預算負責人發布，以作為內控文件。

5 為了掌控支出，比較實際與預算的數字。兩者之間若有差距，那麼就得合理說明。

預算的限制

預算的主要問題為：

- 編列預算的基礎程序不佳：不精確要點、不夠滿意的背景資料、低效繁瑣的體制、欠缺對管理者的技術建議與協助、高階管理主管獨斷刪減預算。
- 管理者在編列預算時會採取不熟練或偏激的手段，是因基礎程序不佳、缺乏引導、訓練或鼓勵，或因管理者覺得預算純粹是部署好對抗他們的武器，而非是他們使用的工具所造成。
- 欠缺對未來活動層級的準確預測。
- 以不實際的假設作為編列預算的基礎。
- 刪減成本的目標非但不切實際，而且無法達到。
- 難以因應變化中的局勢修改預算。
- 依據過往支出「相加」，作為預算的基礎，而非讓整體預算經過嚴謹地審核，是編列預算的根本缺點。
- 回報或控制程序中容易有所缺失，避免利用預算來監控績效。

準備預算

若採取以下行動，就能排除，或者起碼減少前述預算準備的問題：

1 準備好預算要點，羅列出你的目標，以及整體來說你打算如何達成目標的政策。這些要點都可以作為銷售或產出等活動層次的目標，或者主要營運企畫的概要。依據妥善研究過的資料，作為編列預算所使用的假設，如通貨膨脹率、預期的成本或價格增加等。

2 設定降低成本的實際目標。若有一家要降低成本的公司正在設定必須削減多少成本，起碼先解釋一下為何有必要降低成本。不同的活動或許必須輔以協助，同時引導其優先順序為何，才能確立削減成本的範圍。

3 確保管理主管或預算會計師會提供建議和鼓勵給負責準備預算的人。這些專家應該提供協助，而非像一般我們所認為的，只是刺激或威脅他人。

4 在編列預算的過程中訓練預算負責人，尤其是新上任的管理者。這是許多人並不嫻熟的一項技能，他們必須能夠取得所有的協助。

5 要人們非常仔細地思考自己的預算。倘若只是更新去年度的實際支出，他們應會感到非常沮喪。不論選擇花費多少，應要求回歸到首要原則，並合理說明支出。至於重大專案，則可能用以辨識合適的營運企畫案，並詳述支出所帶來的預期報酬。預算估價（budget estimates）應以輔助資料中所應涵蓋對未來活動水準及成本的可靠預測為基礎。每個現有及提議的活動，都應儘可能地經過分析，以證實其目標、涉及內容、正在執行或者將要執行的原因、活動目前的成本與估算的成本、活動帶來的利益，以及能被用以評估活動圓滿成功的關鍵績效指標。

6 別在毫無任何解釋或正當理由下，接受大幅增加去年度的預算。

7 你甚至也要留意大幅的預算縮減。這可能意味著重大活動正瀕臨邊緣化，將由另一個不那麼具有成效的活動取而代之。

8 深入探究，以確保呈交給你的預算務實可行，且不包括「蒙混因素」（fudge factor），亦即將不利的項目擱置暫存，以利掩飾超支的總金額。

9 別獨斷地刪減預算，要提出好理由。你若無法給出理由，就只會得到蒙混因素，不然就是人們「毫不在乎」的態度。

10 尤其在活動水準與成本受限於大幅變化時，定期更新或調整預算。

彈性預算

若在合理的準確度下，有可能建立起所得及成本的變化與活動層級的關係，那麼就值得運用彈性預算（flexible budget）。當你刻意修改原本的預算，好把已經改變的活動層級納入考量，預算就會受到「調整」。只有針對銷售量之類單一活動層級所準備好的預算，才會是毫無變化的，這意味著我們假設固定成本（fixed cost）及變動成本（variable cost）在任何活動層級下都維持不變。固定成本或許如此，但定義上的變動成本並不然。由於我們幾乎能夠肯定實際活動或產出與預算中的活動有別，所以原本的預算將會有失準確，並錯誤地呈現出預算中的差異，因此為了反映不同的活動層級，調整預算是必要的。只要先假設各種不同的活動層級，並為每個活動層級預先編列成本及管理費，就能做到這點。

控制彈性預算的基礎，與其它控制過程的基礎相同；也就是說，我們會拿實際情況和預算做比較，以顯現出任何可能的差異。然而，和實際情況相互比較的預算，已經根據實際的活動層級做過調整。

預算控管

預算負責人必須對照預算書監控支出，如此一來才能及時處理之間的差異。預算會計師或管理會計師將會仔細審查實際的預算，並為預算負責人及更高層的管理主管準備好差異報告。預算負責人須對任何差異負起責任，並預期採取矯正行動。

這聽似容易，實則不然。成功的預算控管程序並不容易做到，你得要在這上面下點功夫。設計出一個系統，藉由電腦產出涵蓋大量訊息的報告，這並沒有太大問題；但要產出超載了數據過度複雜的訊息，就會帶來風險。解決之道就在於讓情況保持單純，如此一來，預算負責人還有他們的管理者就會盯緊差異，並以此獲得採取行動的動力。

54 如何削減成本

我們向來需要控管成本。應從成本太高、可以削減的假設開始。這個假設所根據的基礎在於許多公司在大幅削減預算之後，不但存活下來，而且還蓬勃發展。當你剔除了一向存在的「贅肉」，那麼存留下來的，就是一個更為精實且強而有力的組織。

削減內容

削減的內容應著重在以下六大領域：

- **雇用成本：**在勞力密集的公司中，雇用成本可能超過總收入一半以上。尤其在服務及人事部門，聘雇過量正是造成超額成本（excessive cost）的主因。雇用成本將包括待遇、工資、退休金（很可觀的數目）與其它福利的直接成本，以及人資與培訓功能的間接成本。

- **生產成本：**這些是在製成產品時所發生的實際成本；不僅反映勞力、物料與營運成本，同時很重要的，也反映產品的設計方法。
- **銷售成本：**銷售成本主要可能由銷售、客服或分銷功能中的雇用成本所造成，即便這部分的雇用成本將涵蓋在整體的雇用成本之內。這些數字也將包含廣告、促銷、公共關係、產品包裝與行銷素材。
- **發展成本：**這些是發展新產品、過程、物料與系統——尤其是資訊科技方面——以及併購新企業的成本。
- **物料及存貨成本：**購買物料與購入零件的成本，以及維持最佳存貨數量的成本。倘若存貨控制系統失能，後者的數目可能就會特別高。
- **營運成本：**所有經營業務引發的其它成本。這些成本包括空間、設施、資訊科技、廠房與設備供給，以及需要維持組織運作的所有服務。

浪費與造成重大損失的活動

檢視任何成本時，都應先著重在浪費的行為與造成重大損失的活動。人們應明確指出哪些領域可能發生這些狀況，才著手削減成本，如此一來，眾人的注意力才能被導向可能的問題點。專注在導致浪費或無意義成本的行為或程序，還有員工浪費時間或誘發非必要支出的領域。以下任一領域中都可能發生浪費：

- 過於複雜、伴隨著不必要的表格與報告的程序；
- 公司內網不必要的流量太高；
- 太過注重達到產出或服務標準，以致不再留意這麼做會引發什麼成本；
- 工作的確認與驗證太多；
- 懸而未決的會議太多；
- 管理與監督的層級太多；
- 因為部門並未授權代理而延遲決策；
- 嚴守規則與規定，過度呆板；
- 瓶頸與缺乏效率的工作流程。

員工浪費時間的行為可以包括遲到或早退、下午茶或用餐時間過長、出於任何其它理由而不必要的休憩，還有上班時間上網並處理私事，或是過度使用公司的設施。

製造成本的行為可能包括曠職與經常性病假。對所有零售公司和其它行業來說，主要的成本都在於偷懶。

規劃削減成本

首先，把成本效益（cost-effectiveness）列入你的計畫，接著引入程序或改善程序，比如說，編列明確界定而且正當說明可能合理發生的預算成本，然後對比預算書控管支出、探究超支的原因、找出為何超支並且啟動矯正措施。

計畫應根據「旨在找到支出與結果之最佳比例」的成本效益研究（cost-benefit studies）；換言之，也就是把成本降到最低，而把利益拉到最高。你應強調務實。洞燭機先並具有企業家精神是好的，但你若這樣，便會一直處在對未來異常興奮、高估利益而低估成本的危險中。在規劃的階段中，你必須仔細思考你所可能誘發的成本，而且務實一點。我們幾乎能夠肯定的是，成本將會比你想像中（或比供應商告知你所將花費的）還高。藉著分析並取得許多人的預估數值，找出你真正打算花在哪些方面。以防意外，成本至少加上百分之十。一旦超支，堅持罰則條款，以回收成本。質疑每個改變規格或者額外的要求，並堅持估算成本。容許通貨膨脹及匯率波動。總是做好較壞的打算。

你對利益也應該同樣務實。營運企畫案中充滿了高估的利益與低估的成本。質疑每一項假設，進行「敏感度分析」（sensitivity analysis），以決定在樂觀預測績效、實際預測績效和悲觀預測績效之下，對於收入和成本所帶來的影響。

進行成本刪減

成本刪減是一種有計畫的活動，旨在削減成本中特定的金額。其需要三大起始步驟、謹慎地分配執行這項活動的職責，並且運用追根究柢、深思熟慮、仔細控管、前後連貫的方法加以執行。

起始步驟

設定目標，無論是在危機狀況下立即削減成本，還是在短期內（定義為幾周內而非幾個月內）削減特定成本。你或許需要全面削減成本（如百分之十）、刪減特定比率的管理費，又或者在特定領域中設定削減的目標（如裁員百分之十）。這些目標都能透過「提升比率」（ratio improvement）的形式表述，比如說，把銷售的勞動成本比率從百分之十一減少至百分之十。

你應向人人強調管理費對利潤所產生的重大衝擊。我們留意到在利潤占總銷售額百分之十的公司中，把銷售的勞動成本比率從百分之十一減少至百分之十，利潤就會增加百分之十，這點很有趣。我們最後都會從盈虧的結算看出結果，而那才是最重要的。

使用「每單位產出成本減少百分之三」等財務術語所表述的生產目標（productivity target）也許沒那麼直接，但它們能有效併入一系列削減成本的目標，以作為長期目標。你能藉由減少與產出相關的成本，或增加與成本相關的產出，又或者可能的話，同時藉由減少成本、增加產出，以提升生產力。你必須清楚傳達出單位成本就在那裡、隨時等著我們發動攻勢——畢竟，它們是會累積成總成本的。回歸基礎，也就是現場、分銷中心、零售單位或一般辦公室，因為這些才是誘發主要成本的地方。保持簡單，查看特定項目，不接受藉口，進行對照，以辨別超乎成本的領域。以類似的組織為基準，找出它們的成本比率為何，還有它們現正做些什麼好將成本比率最適化。你能從他人的經驗學到很多。競爭者之間是不會合作，但在各種生產或零售領域都和你公司普遍相似並且相當的組織之間則是有可能合作的。雇主協會或貿易工會可協助提供資訊。

決定刪減哪裡：通常刪減成本最有成效的領域在於雇用成本（減少員工）與浪費行為。令人驚訝的是，當部門管理者被告知要裁員百分之十時，往往會痛苦地大喊大叫，但在這之後經常能處理得宜；負責削減成本的人則會聲稱並證明，他們能在毫不降低組織效能的情況下刪減百分之十五，甚至是更多的員工數。

決定如何刪減：分配責任、草擬方案並加以執行。

負責刪減成本

你所要做最重要的事，就是儘可能地指派資深的行政主管指導進行成本刪減，而且他／她最好是全職董事。他／她應具備動力、精力、決心，還有最重要的，推動執行的權力與勇氣——無論有些人可能會因此不開心。

於是就產生了誰要協助這名行政主管的問題。你或許會考慮運用管理顧問提供協助，並針對特定的問題領域給予建議，但可別要求顧問執行這項主要任務。你的組織倘若無法自行採取行動，就算有點矯枉過正，但也就不值得存活下來。無論如何，顧問是很昂貴的，而且這本應是件削減成本的事。

你也不應成立委員會來掌控此事。委員會是行動的阻礙。你或許會成立由資深行政主管所組成的小型專案團隊（以三人為限），但別讓他們因只收到議程、會議紀錄等等而淪落成常設委員會。較好的狀況是，完全授權指導人掌控此事，好讓他／她在想要時用上自己想用的人，並召開他／她認為合適的會議。

主責的指導人需要劃分職權，才能推行此事。他們應採取「在某特定日期或一連串日期之前達成一系列目標」的形式。倘有任何限制（如別開除董事長的女婿），就該立即提出，然後告知指導人他／她被授權制定決策到什麼程度，還有在何時、在怎樣的情況下需要回報。於是他／她就能繼續進行整體情況及成本削減範圍的起始調查，再請求各方提出該做什麼的見解、蒐集佐證的事實或者駁斥那些見解、界定問題領域、決定要做什麼並且擬訂執行方案。

施行方法

成功的刪減成本會運用最簡單的提問技能：

- 完成什麼？
- 為何完成？
- 它究竟需要完成嗎？
- 倘若需要完成，可以簡單化或者更便宜地進行嗎？

你可運用以下原則：

- 高階管理者必須接受行政人員的任務修正。高階管理階層也許已經強制推行或者支持無數的規章制度，以確保公司內所使用的系統及方法萬無一失，但這些規章制度似乎是建立在「所有員工不是愚蠢就是狡詐」的假設上。人們都說，你若把行政人員置入官僚的角色，他們也會表現得相當傑出的。你只能藉著高階管理階層的手，來掃除在這種行政體系的工具，以及在這種制度下所形成的慣例。
- 完美的代價使人望之卻步：合理的預估花費較少。法國哲學家伏爾泰

（Voltaire）曾言：「至善者，善之敵。」你要設定崇高的目標，但在這麼做時別讓自己負荷過重。管理生產力意味著一個人試著達到百分之九十五的效率並且順利達到，而非兩個人試著達到百分之百的效率最後卻只達到百分之九十。

- 多數員工都是可信任的。倘若大家都接受這個原則，那麼許多確認與監督就能被管理者及團隊領導人所取代。全面抽查也可用以補強日復一日的管理，並且淘汰昂貴、讓人喘不過氣的監督。
- 所有職員都能協助帶來想望的改變。多數人若受到鼓勵，就會提出些點子來簡化、合理化他們的工作。你可以成立改善小組，以便查看特定問題。
- 仔細思考如何在不強制裁員之下削減雇用成本。與員工及工會代表進行討論，能夠得出短期打工之類的替代方法。
- 職員可能變得太過專業。太多專家可能會帶來不必要的工作並且有礙彈性。專家之所以存在，是為了服務並緩和公司的營運，而不是扼殺新的點子、變成行動的阻礙或創造出其它的繁文縟節。
- 千萬別為突發事件一一立法。儘可能讓那些在管理職位上深受信任的人用自己的常識去處理突發事件。

- 親自探究現況是無從取代的。你若是自行尋找，就會找出更多。別害怕進行第一手的樣本調查。一份目標明確的研究會比概括一切但卻膚淺的調查更加可貴。

55 如何閱讀資產負債表

資產負債表是在會計區間的最後一天所發布有關公司資產與負債，還有公司內股份或股東投資的聲明。

資產負債分析主要是從股東及潛在投資者的觀點，評估該公司在財務上的優劣。但身為管理者，你要致力於整體的管理工作，以妥善管理投資在該公司的資金與其旗下資產，因此，你必須了解如何分析資產負債表。

資產負債分析

這項分析著重在利用資產負債比率（balance sheet ratio）檢視資產負債等式（balance sheet equation），並就資產與負債的角度去思考資產負債表的組成，同時檢視流動性（現有多少現金或易於變現的資產）與資本結構。

資產負債等式

資產負債等式為：資本＋負債＝資產。資本加負債呈現出資金的來源，而資產則指出當前資金的歸屬。

資產負債表的組成

資產負債表包含四大主要部分：

- **使用中的資產或資本**（Assets or capital in use）：這分為長期資產或固定資產（如土地、建物及廠房），以及流動或短期資產，後者包括銀行帳戶餘額及現金、應收帳款、商品和物料存貨以及在製品（work-in-progress）。
- **流動負債**（Current liabilities）：在資產負債表日期的十二個月內將得給付的總額。
- **淨流動資產或流動資本**（Net current assets or working capital）：即流動

資產減去流動負債。良好業務績效的關鍵，就在於謹慎地控管流動資本。

- **資本來源（Sources of capital）：**股份、包含保留盈餘的準備金以及長期貸款。

流動性分析

流動性分析（liquidity analysis）與企業具備可接受的現金總量和易於變現的資產以滿足自身需求的程度有關。這項分析或許是依據流動資產（現金、流動資本等）除以流動負債的比率（流動資本比）。比率太低可能意味著流動性資源不足以支應短期付款；比率太高則可能指出現金或流動資本過多，因此刻正受到不當的管理。流動資本比容易受到「財報窗飾」（window dressing）的影響，所謂的「財報窗飾」，就是藉著在年底加速或延遲交易，以操控流動資本的狀態。

流動性分析也會使用速動比率（quick ratio），亦即用流動資產減去流動負債的存量。這著重在更易於變現的流動資產，因而提供了一個較流動資本比更加嚴格的流動性測試，所以被稱之為酸性測試（acid test）。

資本結構分析

資本結構分析檢視公司為了營運而籌措資金而用的整體手段。公司所籌措的資金有一部分是從普通股股東的資金（股權）而來，另一部分則是從銀行及其他借款人的貸款（債權）而來。長期債權除以普通股股東資金的比率，即為「槓桿」（gearing）比率。當一家公司的貸款資本（loan capital）很高，顯然與權益資本（equity capital）有別，那麼就會被稱為高槓桿（highly geared）公司，亦即高負債公司。

56 如何運用財務比率

比率分析（ratio analysis）會研究並比較辨識出公司活動中可量化面向之間彼此關係的財務比率（financial ratio），其旨在於揭露影響業務績效的要素與趨勢，如此一來人們才能採取行動。

比率的類型

比率的類型很多，筆者在科根出版社於二〇〇六年所出版的《管理技能手冊》（*A Handbook of Management Techniques*）第十二章中曾列舉出詳細清單。以下是筆者精選的一些重要比率。

資本使用報酬率
（Return on capital employed）

$$\frac{\text{交易或營運盈餘}}{\text{總資產（固定及流動資產－流動負債）}}$$

每股盈餘（Earnings per share, EPS）

$$\frac{\text{利率、稅款及普通股股息後但不包括非常項目（extraordinary items）的盈餘}}{\text{公司發行的普通股總數}}$$

銷售報酬率（Return on sales, ROS）

$$\frac{\text{交易或營運盈餘}}{\text{總銷售額}} \times 100\%$$

資產周轉率（Asset turnover rate）

$$\frac{\text{總銷售額}}{\text{資產}}$$

營業成本（Overhead costs）

$$\frac{\text{營業費用}}{\text{銷售額}} \times 100\%$$

每單位產出成本（Cost per unit of output）

$$\frac{\text{生產成本}}{\text{產出單位}}$$

部門／功能成本
（Departmental/functional costs）

$$\frac{\text{部門或功能引發的成本}}{\text{銷售額}}$$

槓桿（Gearing）

$$\frac{\text{長期貸款}+\text{優先股（preference shares）}}{\text{普通股股東權益}}$$

股息保障倍數（Dividend cover）

$$\frac{\text{足以支付普通股股息的盈餘}}{\text{普通股股息}}$$

應收帳款周轉率（Debtor turnover）

$$\frac{\text{銷售額}}{\text{應收帳款}}$$

存貨周轉率（Stock turnover rate）

$$\frac{\text{銷售成本}}{\text{存貨}}$$

生產力：人均利潤
（Productivity – profit per employee）

$$\frac{\text{交易盈餘}}{\text{員工數}}$$

生產力：人均銷售額
（Productivity – sales per employee）

$$\frac{\text{銷售額}}{\text{員工數}}$$

生產力：人均產出
（Productivity – output per employee）

$$\frac{\text{產出或處理單位}}{\text{員工數}}$$

比率的使用

比率本身毫無意義，它們必須時時與以下三點相互比較：

- 標準或目標；
- 先前的比率，以評估趨勢；
- 其它類似公司中已經達成的比率（基準點）。

你使用比率時必須小心，且應考量以下限制：

1. 比率是從財務報表計算得出，而這些報表會受到運用在「存貨折舊」及「存貨計價」等財務基準與財經政策之影響。
2. 財務報表並未呈現出一家公司完整的樣貌，它只是蒐集能以貨幣形式所表述出的事實。財務報表或許並不涉及影響績效的其它要素。
3. 過度使用比率作為控制的手法可能會是危險的，因為這麼做僅會促使人們改善比率，而非處理重大的問題。舉例而言，資本使用報酬率就能透過減少資產，而非透過增加盈餘予以改善。
4. 比率是比較兩個數字，亦即分子與分母。針對比率比較時，決定其中的差異是因為分子的變化、分母的變化，還是兩者同時變化，也許會有困難。

國家圖書館出版品預行編目（CIP）資料

做一個更好的管理者：達成有效管理的56項基本技能與方法/邁可.阿姆斯壯(Michael Armstrong)著；侯嘉珏譯. -- 二版. -- 新北市：日出出版：大雁出版基地發行, 2024.03
480面；14.8x20.9公分
譯自：How to be an even better manager: a complete a-z of proven techniques and essential skills, 10th edition.
ISBN 978-626-7382-93-6(平裝)

1.CST: 職場成功法 2.CST: 管理者

494.35　　11300227

做一個更好的管理者(二版)

達成有效管理的56項基本技能與方法

How to Be an Even Better Manager: A Complete A-Z of Proven Techniques and Essential Skills, 10th edition

作　　者　邁可・阿姆斯壯 Michael Armstrong
譯　　者　侯嘉珏
責任編輯　李明瑾
協力編輯　邱怡慈
封面設計　萬勝安
發 行 人　蘇拾平
總 編 輯　蘇拾平
副總編輯　王辰元
資深主編　夏于翔
主　　編　李明瑾
行　　銷　廖倚萱
業　　務　王綬晨、邱紹溢、劉文雅
出　　版　日出出版
發　　行　大雁出版基地
　　　　　新北市新店區北新路三段207-3號5樓
　　　　　電話（02）8913-1005　傳真：（02）8913-1056
　　　　　劃撥帳號：19983379 戶名：大雁文化事業股份有限公司
二版二刷　2024年6月
定　　價　580元

I S B N　978-626-7382-93-6